地基基础相互作用
理论解析及工程应用

高子坤 | 著

中国建筑工业出版社

图书在版编目（CIP）数据

地基基础相互作用理论解析及工程应用 / 高子坤著.

北京 ： 中国建筑工业出版社, 2025.4. -- ISBN 978-7
-112-30897-2

Ⅰ. TU47

中国国家版本馆 CIP 数据核字第 2025ZN3437 号

岩土工程作为土木工程领域的重要二级学科，在工程建设中发挥着至关重要的作用。本书旨在总结岩土工程领域地基与基础相互作用的理论与应用，为科学研究与工程实践提供参考资料，推动岩土工程技术的进步与应用。本书可以作为岩土工程科学研究人员或工程技术人员的参考书，也可以作为高校土木工程、智能建造等相关专业学生的参考资料。

责任编辑：刘瑞霞　梁瀛元　张　健
责任校对：芦欣甜

地基基础相互作用理论解析及工程应用

高子坤　著

*

中国建筑工业出版社出版、发行（北京海淀三里河路 9 号）

各地新华书店、建筑书店经销

国排高科（北京）人工智能科技有限公司制版

建工社（河北）印刷有限公司印刷

*

开本：787 毫米×1092 毫米　1/16　印张：13¼　字数：285 千字

2025 年 3 月第一版　2025 年 3 月第一次印刷

定价：**68.00** 元

ISBN 978-7-112-30897-2

（44519）

前　言

　　研究地下工程与地基土相互作用的理论解，并将成果应用于桩基础、沉井基础等地基与基础相互作用的工程计算中，对静压桩的压桩挤土、桩基础的承载力预测和沉井基础工程力学特征分析等地下工程的设计施工有较好的指导作用，并可能提高工程的经济效益。主要包括下述理论研究和工程应用内容：

　　首先，建立沉桩挤土的力学模型，用变分原理得到沉桩挤土造成的位移和应力场，并进一步分析了沉桩结束时饱和黏性土中的超静孔隙水压力的分布规律；其次，根据对桩周和桩间土体的初始孔隙水压力分布规律和孔压边界条件的分析，建立桩间土体固结的定解条件，并应用数学物理方法求解，得到能反映土体固结规律的解；最后，应用坐标变换方法，研究基于非轴对称边界条件下的沉桩挤土问题，得到一些有意义的结论。

　　考虑土的非线性、地面为自由边界、桩孔实际形状和桩有限长的特点，应用非线性材料的变分原理，得到桩孔扩张造成的桩周土体中的位移和应力场理论解，并对其分布规律进行了分析和验证；通过分析沉桩引起的桩周和桩间土体超静孔隙水压力分布和变化规律，对单桩和群桩等问题，分别建立其固结问题的定解条件。应用数学物理方法对定解问题进行求解，得到相应问题的级数解，并应用相关实测资料对其进行分析验证。

　　根据位移变分法得到的应力场，研究沉桩后桩周土体中的初始超静孔隙水压力分布规律，并结合工程实例，对沉桩引起的位移、应力场、超静孔隙压力分布规律和消散的完整过程进行较为系统的研究和验证。应用坐标变换方法，采用双极坐标研究基于非轴对称边界条件下的沉桩挤土问题，得到特定边界条件下，圆孔扩张问题的位移和应力解。

研究冲钻孔灌注桩承载机制和承载力。首先，对快速和慢速灌注混凝土的情况及其与承载力关系的力学机制进行分析，认为在其他条件相同情况下，快速灌注混凝土情况对应于桩基础承载力的上界，实际施工的混凝土灌注速度介于本书中快、慢两种工况之间，所以其承载力也介于这两者之间。其次，对于快速灌注混凝土的情况，桩孔壁土体受处于流体状态的混凝土法向分布压力作用，其凝固并达到设计强度后的承载性能与法向分布压力大小直接相关，并以此定义桩土作用的力学模型位移和应力边界条件和求解方法。最后，应用变分理论求解桩土作用在桩周土体中形成的应力场和界面的法向压力，求解桩土作用界面上的极限摩阻力，从而求得冲钻孔灌注桩的理论极限承载力和桩身轴力，并结合现有超长灌注桩的桩身轴力实测资料，验证本书分析方法和求解结果的合理性。

研究岩土本构关系抗拉参数修正与应用。地基土的变形模量值不仅和土层所受的先期固结压力大小直接相关，还受桩土作用产生的附加体积应变的影响。首先，本书针对岩土散体材料分析其本构关系的主要影响因素，研究模量随埋藏深度和体积应变的变化规律，并对 Duncan-Chang 本构模型进行抗拉模量值修正。其次，综合考虑岩土材料拉压模量不等修正以及桩土作用位移边界特点，应用变分理论推导桩土作用造成的位移、应变和应力场理论解。最后，应用已有的经典土压力理论和小孔扩张理论对理论推导结果进行对比和分析验证。研究结果对桩基础设计施工、相应环境保护措施的选择和设计有较大的指导作用。

研究散粒材料模量修正及桩基础稳定性研究。天然沉积土在上覆土层重力作用下完成固结，其压缩模量大小和土层所受的前期固结压力大小直接相关，本书首先分析岩土材料本构关系的主要影响因素，建立考虑模量随深度和体积应变变化的本构关系式；其次，建立桩基础稳定性问题的有限元求解模型，考虑水平荷载和下游冲刷深度，对多种工况进行数值模拟分析；最后，根据计算结果，分析下游冲刷和水平荷载作用形成不对称接触边界对不同平面位置基桩受力的影响，分析应力集中产生的原因及折屈失稳和整体稳定性问题，为复杂大型工程群桩基础设计考虑桩、土及承台共同协调作用提供定量计算方法。

研究沉井地基基础相互作用模型与解。水下高承台沉井基础在水平荷载作用下受力特征的本质是地基土层和基础结构的相互作用，且嵌入土体部分和地面以上的悬挑部分必须用分段函数描述，所以求解时需要考虑连续性条件。本书首先考虑水流冲刷，建立高承台沉井结构-地基土体系三维力学模型，结合沉井基础在水平荷载下的挠度、转角、剪力和弯矩等分量之间的微分关系，根据静力平衡条件建立数学模型。其次，分析并建立力学计算所需的边界条件和连续性条件，并对微分方程形式的数学模型进行推导，并求解得到问题的解析解。最后，应用本书的解进行工程算例计算，得到高承台沉井在水平荷载作用下的水平位移、内力分布和剪力及弯矩的安全系数等计算结果，实现沉井地基基础相互作用定量分析。

研究常数值边界条件下的固结解和工程计算方法。推导封闭环境中具地面水位压力、排水（或灌水）井水力梯度等非齐次边界的固结排水问题级数解。首先，引入阶跃函数以构造特定边界的齐次化运算函数。其次，应用齐次化函数对空间轴对称问题的边界进行叠加，得到新的齐次边界、初始条件和泛定方程；最后，对泛定方程所对应的齐次方程，应用分离变量法构建特征函数，并应用完备正交性对微分方程和初始条件进行级数展开，得到具井孔边界的轴对称问题固结级数解。

目　录

第3章　饱和土中静压桩基础桩间土体固结解研究　　67

第7章　散粒材料模量修正及桩基础稳定性研究　　141

第8章　沉井地基基础相互作用模型与解研究　　159

第9章　常数值边界条件下的固结解和工程计算　　169

第 1 章

绪 论

1.1 概 述

1.1.1 静压桩的发展概况与基本特点

静力压桩法是指使用静力压桩机对预制桩施加压力，使得压力与地基土对桩的极限阻力平衡的一种沉桩工艺。静力压桩施工法在20世纪60年代开始在上海研究应用，20世纪80年代，随压桩机械性能提高与环保意识的增强得到进一步的发展，随后，压桩机械实现系列化，压桩技术更加成熟，用此方法施工的桩长可达60m以上，设计压桩力可达7000～8000kN。相对于其他桩型，静压桩具有下述优点[1-2]：

（1）施工时无噪声，适合在市区及其他对噪声有限制的施工场地施工，如附近有学校、医院和住宅区的场地。

（2）施工时无振动，适合在其他重要建筑物和精密仪器或设备房附近施工。

（3）静力压桩施工避免锤击法瞬间的大应力，且桩的施工过程中一般不出现拉应力，所以桩的断面面积可以减小，桩的配筋率与混凝土强度等级都可降低。此外，静压施工不会使桩顶碎裂，还可以节省锤垫、桩垫等缓冲材料，提高经济效益。

（4）静压预制桩一般在工厂中制作，其质量较可靠。在压桩过程中可以全程记录压桩力，可以较正确、容易地估计单桩承载力。

（5）施工文明，场地整洁。不会发生冲孔灌注桩与钻孔灌注桩中出现的泥浆排放污染问题，也不需要挖孔桩所需的抽水、堆土与运土设备。

（6）施工速度快，工期短。

同时，静压桩的挤土也对环境或工程场地产生一定的影响，归纳起来，有下述几个方面[3]：沉桩可引起的地基土侧向位移，将对邻近的建筑物基础或地下设施产生挤压力，从而造成一系列不良后果，如：邻近桩桩身弯曲或断桩，地下管线弯曲、位移或开裂。虽然可以通过预钻孔、隔离沟和隔离墙等措施部分解决，但这些措施多依靠经验，尚没有严格的沉桩理论的指导，所以静压桩施工的以上影响仍然无法完全避免。

压桩可能造成地面隆起，并可能对已入土的邻桩产生竖向拉拔力，使桩体向上移动，桩底悬空，削弱桩基承载力。

先压入的桩可能对地基土产生挤密作用，一方面可以使土体密实度增大，从而提高了地基承载力；另一方面可能产生后续施工压桩力增大的负面影响。

沉桩过程中和成桩后超孔隙水应力的产生和消散，将对土体强度和地基承载力产生很大的影响，而对于这种影响，目前理论上的解释还不完善。

基坑开挖与压桩施工的相互影响。由于施工进度的要求和场地面积的限制，往往在两个相邻场地间，甚至同一个场地同时进行压桩施工和基坑开挖，压桩施工产生的挤土作用，使基坑坑壁发生水平位移，坑壁的水平位移又会影响桩的定位，这种耦合作用给桩基设计与施工带来很大的难度。

以上所列静压桩的优点和缺点只是实际存在的优点和缺点的一部分，但由此可以看出对静压桩的沉桩机理及挤土效应研究的必要性。

1.1.2 静压桩挤土效应机理

静压桩贯入造成桩周土体的复杂运动和土的力学性质的改变。压桩过程中，桩体贯入视为匀速直线运动（准静态），压桩力、桩的自重与地基土对桩的极限阻力相平衡。随着压桩力的增大，桩尖下土体被竖向和侧向挤压，地表处的土体可能向上隆起，桩尖附近的土体被挤压，产生侧向和竖直向位移，并产生扰动和重塑。在桩身附近离地面约四倍桩径深度范围内，土体发生一定的隆起，当贯入深度较大时，由于上覆土层的压力，土体主要沿径向向外挤开，在桩尖附近，土体有竖向及径向移动。图 1-1 给出了沉桩后桩周土体中形成的几个物理力学性质不同的区域[4]。

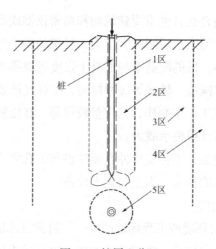

图 1-1 桩周土分区

1 区，强烈重塑区。紧贴桩身，在沉桩过程中经历了大应变，且由于桩身拖曳，结构完全破坏。

2 区，塑性区。受沉桩影响严重，土体产生大应变和塑性变形。

3 区，弹性区。受沉桩影响产生附加应力与应变，但土体变形处于弹性阶段。

4 区，该区不受沉桩影响。

5 区，桩端塑性区。产生大应变和塑性变形。

1.2　研究现状

静压桩沉桩机理和挤土效应研究，主要研究沉桩过程中，桩周土中的应力场与位移场以及孔隙水压力的分布随时间和空间的变化规律。包括下述三个方面：

理论分析：主要包括圆孔扩张法（Cavity Expansion Method，CEM），应变路径法（Strain Path Method，SPM）。

数值计算方法：有限元法（Finite Element Method，FEM）和有限差分法（Finite Difference Method）等。

试验分析：包括室内模型试验，现场试验。

1.2.1　CEM 研究进展

Bishop 和 Mott[5]建议将圆孔扩张极限压力理论用于沉桩挤土性状研究，随后在岩土工程领域里得到了广泛的应用，如：用来分析桩的承载力、旁压试验、静力触探等土工问题。相对于其他分析方法，圆孔扩张理论在静压桩沉桩机理的研究中不仅应用更广泛，而且较为成熟。

圆孔扩张理论是在研究金属压痕问题时提出的，它将孔周金属分为塑性区、弹性区两个区域，而在岩土工程中，由于土的压硬、剪胀以及软化等特性，应用于岩土的圆孔扩张理论更为复杂，好多情况下不可简单地划分为两个区域，更难以用某一种力学模型或本构模型来模拟所有的岩土力学行为。以下简述圆孔扩张理论的研究和应用现状。圆孔扩张理论的共同假设条件为：土体是连续、均匀且各向同性材料；土体内具有均布的初始应力。

应用圆孔扩张理论来研究工程中的孔扩张问题，并得出相应问题的解决办法或模型，即（Cavity Expansion Method，CEM）。现有很多 CEM 模型，总体上可以分为以下三个类别：线性或非线性弹性模型；弹塑性模型，包括：理想弹塑性模型、应变硬化和应变软化模型；黏弹性和黏弹塑性模型。

圆孔扩张的力学模型如图 1-2 所示。设空心球壳（球孔扩张）或圆柱筒（柱孔扩张）区域的初始内径和外径分别为 a_0、b_0，初始应力为 p_0，当半径为 a_0 的孔壁上，法向压力由初始压力p_0增大到p时，此时研究区域的塑性区半径为c，内径和外径分别变为a、b，此过程称为圆孔扩张。

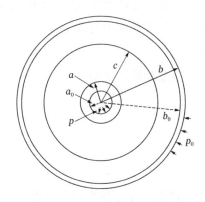

图 1-2　圆孔扩张的力学模型

当$b_0 \to \infty$时，即表示无限土体中初始半径为a_0的小孔扩张问题。

根据力学模型的边界条件，上述三种 CEM 模型都可以分为：

$a_0 > 0$，$b_0 < M(M < \infty)$适用于非无穷介质中在预钻孔中沉桩等情形。

$a_0 > 0$，$b_0 \to \infty$适用于无穷介质中在预钻孔中沉桩等情形，为部分挤土桩。

$b_0 \to \infty$，$a_0 = 0$适用于无穷介质中沉桩等情形，一般为挤土桩。

1）理想弹塑性模型

（1）基于 Tresca 屈服准则的大应变解

文献[6-7]给出了基于 Tresca 屈服准则的大应变解。在塑性区，Gibson[7]使用以下屈服函数与体积压缩方程（文献[7]推导以拉应力为正，压应力为负）：

$$\sigma_1 - \sigma_3 = Y \tag{1-1}$$

$$d\varepsilon_r + d\varepsilon_\theta + d\varepsilon_\varphi = \frac{1-2\nu}{E}(d\sigma_r + d\sigma_\theta + d\sigma_\varphi) \tag{1-2}$$

式中：$Y = 2s_u$，s_u为不排水抗剪强度；E为弹性模量；ν为泊松比。

设塑性区应力和位移为r、c（r为球孔扩张或柱孔扩张的径向坐标，c为塑性区半径）的函数$\sigma_r(r,c)$、$\sigma_\theta(r,c)$、$u(r,c)$，设桩周土体的径向运动速度为$V(r,c)$，$V(r,c)$中r为径向坐标，c相当于时间变量，塑性区半径的增量dc对应位移增量du，即位移增量为$du = Vdc$可得：

$$du = \frac{\partial u}{\partial c}dc + \frac{\partial u}{\partial r}dr = Vdc \Rightarrow V = \frac{\dfrac{\partial u}{\partial c}}{1 - \dfrac{\partial u}{\partial r}} \tag{1-3}$$

根据式(1-1)~式(1-3)和应力边界条件、弹塑性边界处的连续性条件，求解可得球形孔扩张的解：

$$\left(\frac{a}{a_0}\right)^3 = 1 + \frac{3(1-\nu)Yc^3}{Ea_0{}^3} - \frac{2(1-2\nu)Y}{E}\left[3\ln\frac{c}{a_0} + 1 - \left(\frac{c}{b_0}\right)^3\right] \tag{1-4}$$

当 $b_0 \to \infty$，$a_0 = 0$ 时：

$$\frac{\mathrm{d}a}{\mathrm{d}c} = \frac{a}{c} \Rightarrow \frac{a}{c} = \left[\frac{3(1-\nu)Y}{E}\right]^{\frac{1}{3}} \tag{1-5}$$

由式(1-5)求得 c 值代入塑性区应力方程，可得孔壁压力：

$$p_{\mathrm{lim}} = p_0 + \frac{2Y}{3}\left[1 + \ln\frac{E}{3(1-\nu)Y}\right] \tag{1-6}$$

根据式(1-1)～式(1-3)和应力边界条件、弹塑性边界处的连续性条件，可得圆柱形孔扩张的解，见式(1-7)。

$$V = \left[\left(m - \frac{m}{1-m}\right)\left(\frac{c}{b_0}\right)^2 + \frac{m}{1-m} + Y\frac{1+\nu}{E}\right]\left(\frac{r}{c}\right)^{2m-1} + \frac{m}{1-m}\left(\frac{c^2}{b_0{}^2} - 1\right)\frac{r}{c} \tag{1-7}$$

柱形孔的孔壁位移速度为：

$$V|_{\mathrm{r}=a} = \frac{\mathrm{d}a}{\mathrm{d}c} = \left[\left(m - \frac{m}{1-m}\right)\left(\frac{c}{b_0}\right)^2 + \frac{m}{1-m} + Y\frac{1+\nu}{E}\right]\left(\frac{a}{c}\right)^{2m-1} + $$
$$\frac{m}{1-m}\left(\frac{c^2}{b_0{}^2} - 1\right)\frac{a}{c} \tag{1-8}$$

式中：$m = \frac{(1+\nu)(1-2\nu)Y}{E}$

当 $b_0 \to \infty$，$a_0 = 0$ 时：

$$\frac{\mathrm{d}a}{\mathrm{d}c} = \frac{a}{c} \Rightarrow \frac{a}{c} = \left[\frac{Em + (1-m)(1+\nu)Y}{E}\right]^{\frac{1}{2(1-m)}} \tag{1-9}$$

当土体不可压缩时：

$$\nu = 0.5 \Rightarrow m = 0, \quad \frac{a}{c} = \left(\frac{(1+\nu)Y}{E}\right)^{\frac{1}{2}} = \sqrt{\frac{G}{s_{\mathrm{u}}}}$$

则圆柱形孔的内壁压力为：

$$p_{\mathrm{lim}} = p_0 + \frac{Y}{2}\left[1 + \ln\frac{2G}{Y}\right] \tag{1-10}$$

式中：$G = \frac{E}{2(1+\nu)}$，为剪切模量。

Gibson[7]只考虑土的不排水抗剪强度 s_{u}，解的形式简单，物理意义较明确，在饱和黏土中的沉桩挤土作用分析方面有广泛的应用。由于没有考虑内摩擦角 φ，不能体现土作为摩擦型材料的性质，更不能体现土的应变硬化和应变软化，所以具有一定的局限性。

（2）基于 Mohr-Coulomb 屈服准则的大应变解析解

$b_0 \to \infty$，$a_0 = 0$ 的情况：Carter 等[8]忽略了应力率的迁移项 $V\frac{\partial \sigma_r}{\partial r}$，给出了近似解。Collins 和 Wang[9]对上述解进行分析发现，当剪胀角取值较小时，两种解差别不大，而当剪胀角取值较大时，误差可达 20%。

当 $a_0 > 0$，$b_0 \to \infty$：Yu[10]以及 Yu 和 Houlsby[11]给出了基于 Mohr-Coulomb 屈服准则的

大应变解。

当$a_0 > 0$，$b_0 < M(M < \infty)$：Yu[12]给出了基于 Mohr-Coulomb 屈服准则的大应变解。

上述三种情况的求解过程大致相同，所采用的非关联流动法则完全一样，本书仅介绍结果最简短的第一种情况。在塑性区，Collins 和 Wang[9]使用以下屈服函数与非关联流动法则（文献[9]推导过程中以拉应力为正，压应力为负）：

$$\alpha\sigma_\theta - \sigma_r = Y \tag{1-11}$$

$$\frac{\dot{\varepsilon}_r{}^p}{\dot{\varepsilon}_\theta{}^p} = \frac{\dot{\varepsilon}_r - \dot{\varepsilon}_r{}^e}{\dot{\varepsilon}_\theta - \dot{\varepsilon}_\theta{}^e} = -\frac{k}{\beta} \tag{1-12}$$

式中：$\alpha = \frac{1+\sin\varphi}{1-\sin\varphi}$，$Y = \frac{2C\cos\varphi}{1-\sin\varphi}$，$C$、$\varphi$为土的黏聚力与内摩擦角；$\beta = \frac{1+\sin\psi}{1-\sin\psi}$，$\psi$为剪胀角；$k = 2$时为球形孔扩张，$k = 1$时为圆柱形孔扩张。

当$\psi = \varphi$时，以上流动法则为关联流动法则，当$\psi \neq \varphi$时，以上流动法则为非关联流动法则。

根据塑性区应力和位移皆为r、c（r为球形孔或圆柱形孔的径向坐标）的函数，假设桩周土体的径向运动速度为$V(r,c)$，位移为$du = Vdc$，可得：

$$V = \frac{\dfrac{\partial u}{\partial c}}{1 - \dfrac{\partial u}{\partial r}} \tag{1-13}$$

根据式(1-11)～式(1-13)和应力边界条件、弹塑性边界处的连续性条件，求解可得圆孔扩张的解：

$$\frac{a}{c} = \exp\left[-\frac{\chi q}{\beta}\left(\frac{c}{a}\right)^{\frac{k(\alpha-1)}{\alpha}}\right]\left\{\sum_{n=0}^{\infty}A_n\left(\frac{c}{a}\right)^{\frac{k(\alpha-1)(1+n)}{\alpha}-1} + \left[\delta(1+k)e^{\frac{\chi q}{\beta}} - \sum_{n=0}^{\infty}A_n\right]\left(\frac{c}{a}\right)^{\frac{k}{\beta}}\right\} \tag{1-14}$$

式中：

$$A_n = \frac{1}{n!}\left(\frac{\chi q}{\beta}\right)^n \frac{\alpha\beta s}{k\alpha - k\beta(\alpha-1)(1+n) + \alpha\beta}$$

$$s = -\frac{\chi q k(\alpha-1)}{\alpha\beta}$$

$$q = \frac{\alpha(1+k)[Y + (\alpha-1)p_0]}{(\alpha-1)(k+\alpha)}$$

$$\chi = \frac{\beta - \dfrac{k\nu}{1-\nu(2-k)}}{M} + \frac{k(1-2\nu) + 2\nu - \dfrac{k\beta\nu}{1-\nu(2-k)}}{M\alpha}$$

$$\delta = \frac{Y + p_0(\alpha-1)}{2(k+\alpha)G}, \quad M = \frac{E}{1-\nu^2(2-k)}, \quad G = \frac{E}{2(1+\nu)}$$

当$\frac{c}{a}$确定后，由式(1-15)可确定极限孔壁压力$p_{\lim}$。

$$\frac{c}{a} = \left\{\frac{(k+\alpha)[Y + (\alpha-1)p_{\lim}]}{\alpha(1+\alpha)[Y + (\alpha-1)p_0]}\right\}^{\frac{\alpha}{k(\alpha-1)}} \tag{1-15}$$

上式基于 Mohr-Coulomb 屈服准则的大应变解，考虑了岩土材料的内摩擦角的影响，适用于摩擦型材料。但该解的应用必须确定剪胀角 ψ，相对于基于 Tresca 屈服准则的大应变解，应用的难度增加。同时，该解也不能考虑土的应变硬化和应变软化。

2）应变硬化和应变软化模型

应变硬化和应变软化模型的主要特征是，材料的屈服应力跟应变或变形历史有关。当材料进入塑性屈服阶段，屈服应力并非常数，屈服面随应变或变形的发展而变化。已有的或需要发展的应变硬化和应变软化模型包括以下情况。

固结状态：正常固结土和超固结土。

排水条件：不固结不排水和固结排水。

边界的几何形状：$b_0 \rightarrow \infty$，$a_0 = 0$、$a_0 > 0$，$b_0 < M(M < \infty)$ 和 $a_0 > 0$，$b_0 \rightarrow \infty$。

对于饱和黏性土不排水圆孔扩张问题，当初始边界条件为：$a_0 > 0$，$b_0 \rightarrow \infty$ 时，已建立的应变硬化和应变软化模型种类较多，但有代表性且应用较为广泛的应该是剑桥大学 Schofield 和 Wroth 所建立的临界状态模型（Critical State Model，CSM）[13]——剑桥模型以及以此为基础建立起来的其他模型，主要包括：

Schofield 和 Wroth[13]给出了适合正常固结和超固结黏土的临界状态塑性模型。

Atkinson 和 Bransby[14]给出了适合正常固结和轻度超固结黏土的临界状态塑性模型，该模型克服了 Schofield 和 Wroth 的解不符合实际的较高的土的强度。

Muir Wood[15]给出了基于修正剑桥黏土屈服函数的临界状态模型，该模型适用于正常固结和超固结黏土的不排水圆孔扩张问题。

Collins 和 Yu[16]给出了饱和黏性土不排水圆孔扩张问题的一般解。

以下简述上述求解的一般过程，推导过程使用的变量与常数见临界状态模型参数见图 1-3。由饱和黏性土不排水圆孔扩张过程中土体的体积不变可得：

$$r^{k+1} - r_0^{k+1} = a^{k+1} - a_0^{k+1} \Rightarrow \dot{\gamma} = \dot{\varepsilon}_r - \dot{\varepsilon}_\theta = \left[(k+1)\frac{a^k}{r^{k+1}} \right] \dot{a} \tag{1-16}$$

式中：a_0、a 如图 1-2 所示；r_0、r 分别为桩周某一质点的初始状态和扩孔后的径向坐标。$k = 2$ 时为球形孔扩张，$k = 1$ 时为圆柱形孔扩张。

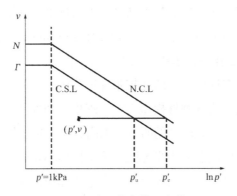

图 1-3　临界状态模型参数

在塑性区，使用屈服函数式(1-17)与非关联流动法则式(1-18)。

$$\bar{q} = f(\overline{p'}) \tag{1-17}$$

$$\frac{\dot{\delta}^{\mathrm{p}}}{\dot{\gamma}^{\mathrm{p}}} = g(\overline{p'}) \tag{1-18}$$

对于不排水圆孔扩张问题，总体积应变为零，所以：

$$\dot{\delta}^{\mathrm{p}} + \dot{\delta}^{\mathrm{e}} = 0 \Rightarrow \dot{\delta}^{\mathrm{p}} = -\dot{\delta}^{\mathrm{e}} = -\frac{\overset{\circ}{\overline{p'}}}{\overline{K}(\overline{p'}, \nu)} , \quad \dot{\gamma}^{\mathrm{e}} = \frac{\overset{\circ}{\overline{q}}}{2\overline{G}(\overline{p'}, \nu)} ;$$

$$(\overset{\circ}{\ }) = \frac{\partial(\ )}{\partial t} + \frac{\mathrm{d}r}{\mathrm{d}t}\frac{\partial(\ )}{\partial r} ;$$

$$\bar{q} = \frac{q}{p_{\mathrm{e}}'} , \quad \overline{p'} = \frac{p'}{p_{\mathrm{e}}'} , \quad \overline{K} = \frac{K}{p_{\mathrm{e}}'} , \quad \overline{G} = \frac{G}{p_{\mathrm{e}}'} ;$$

$$q = \sigma_r' - \sigma_\theta' , \quad p' = \frac{\sigma_r' + k\sigma_\theta'}{1+k} 。$$

根据式(1-16)～式(1-18)和应力边界条件、弹塑性边界处的连续性条件，求解可得饱和黏性土不排水圆孔扩张问题的统一解：

$$\gamma = \gamma_0 + I(\overline{p'}) - I(\overline{p_0'}) \tag{1-19}$$

式中：$I(\overline{p'}) = \int \left[\frac{f'(\overline{p'})}{2\overline{G}(\overline{p'}, \nu)} - \frac{1}{\overline{K}(\overline{p'}, \nu)g(\overline{p'})} \right] \mathrm{d}\overline{p'}$。

由式(1-19)可知，当：

$$\bar{q} = f(\overline{p'}), \quad \frac{\dot{\delta}^{\mathrm{p}}}{\dot{\gamma}^{\mathrm{p}}} = g(\overline{p'})$$

上式中的 f、g 取不同的屈服函数和流动法则时，得到不同的解。屈服函数和流动法则是与 $\overline{p'}$ 有关的函数，随 $\overline{p'}$ 的变化而改变。当 $\bar{q}$ 随 $\overline{p'}$ 增大而增大时，即为土的应变硬化，反之即为软化。

其他边界条件下应变硬化和应变软化临界状态模型：

当 $a_0 > 0, b_0 \rightarrow \infty$ 时，Yu[12]推导了超固结黏性土的排水条件下，圆孔扩张问题小应变解。

当 $b_0 \rightarrow \infty$，$a_0 = 0$ 时，Collins 等[17]推导了黏聚力 $c = 0$ 的砂土排水条件下的半解析解。Davis 等[18]推导了圆柱形小孔不排水扩张的大应变解析解。

上述考虑了土体的特有属性，对圆孔扩张理论分析方法做了较为详细的阐述，此外现阶段对于线性[19-21]问题或非线性弹性模型[22-23]、理想弹塑性[20,24]模型、饱和黏弹性土体固结问题和黏弹塑性模型[25-27]也有较多的研究。国内，胡中雄、侯学渊[28]、李雄、刘金励[29]将饱和土中压桩的挤土效应问题视为半无限土体中柱形小孔的扩张问题，应用弹塑性理论求出沉桩瞬时的应力和变形。王启铜等[30]提出考虑土体拉压模量不同时的柱形孔解。蒋明镜等[31-32]提出应变软化的一次跌落模型，该模型有利于考虑土体的实际变形特性，如剪胀等。

3）空间轴对称 CEM 研究进展

因为平面轴对称和球对称 CEM 求得的位移和应力是一维的，所以便于考虑土的材料非线性与几何非线性，可以考虑贯入课题中的土体弹塑性变形、应变硬化、软化、黏弹性和黏弹塑性以及贯入过程中初始应力状态的影响。一直以来平面轴对称和球对称 CEM 是分析沉桩贯入问题和挤土效应研究最有效的方法之一。

平面轴对称和球对称 CEM 的缺点是：应变场、应力场仅仅依赖径向坐标，不符合沉桩过程中实际形成的位移场和附加应力场。为考虑竖向压缩与剪切影响，Koumoto[33]认为旁压试验中的贯入问题可采用空间轴对称平衡方程式(1-20)。

$$\begin{cases} \dfrac{\partial \sigma_r}{\partial r} + \dfrac{\partial \tau_{rz}}{\partial z} + \dfrac{\sigma_r - \sigma_\theta}{r} = 0 \\ \dfrac{\partial \tau_{rz}}{\partial r} + \dfrac{\partial \sigma_z}{\partial z} + \dfrac{\tau_{rz}}{r} = \gamma \end{cases} \tag{1-20}$$

陈文[34]利用此结论将桩的贯入视为半空间圆柱形孔洞的挤压扩张过程，并分析了应力边界条件，求解空间轴对称方程得到圆孔扩张理论解（图 1-4）。

通过对实测资料的分析，假设孔壁径向压力σ_r和摩擦力τ_{rz}沿着z方向线性增大，可得应力边界条为：

$$\begin{cases} p_z = p_0 + \dfrac{p_L - p_0}{L} z = p_0 + K_p \cdot \gamma' \cdot z \\ \tau_{rz} = -\tau_0 - \dfrac{\tau_L - \tau_0}{L} z = -(C_a' + K_p \cdot \gamma' \cdot z \cdot \tan \varphi_a') \end{cases} \tag{1-21}$$

式中：C_a'和φ_a'为桩土界面的黏聚力和摩擦角；K_p为被动土压力系数。

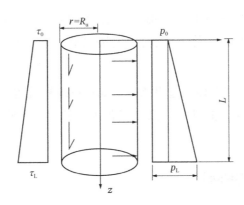

图 1-4　空间圆孔扩张

不考虑土体体力，采用应力函数$\varphi = A \cdot z^2 \ln r + B \cdot z \ln r$得到弹性区应力和位移为：

$$\begin{cases} \sigma_r = \dfrac{2Az}{r^2} + \dfrac{B}{r^2}, \ \ \sigma_\theta = -\dfrac{2Az}{r^2} - \dfrac{B}{r^2}, \sigma_z = 0 \\ u_r = \dfrac{1}{2G}\left(\dfrac{2Az}{r} + \dfrac{B}{r}\right), \ \ \omega_z = \dfrac{(1 - 2\nu)A}{2G} \ln r \end{cases} \tag{1-22}$$

塑性区采用 Mohr-Coulomb 屈服准则，得到的弹、塑性区交界处的径向位移公式为：

$$u_{\mathrm{p}} = \frac{(1+\nu)}{E}\left[\frac{(p_{\mathrm{L}}-p_0)}{L}\cdot\left(\frac{R_{\mathrm{u}}}{R_{\mathrm{p}}}\right)^{\frac{2\sin\varphi}{1+\sin\varphi}}\cdot z + \right.$$

$$\left.\frac{\tau_{\mathrm{L}}-\tau_0}{L}\cdot R_{\mathrm{u}}\cdot\left(\frac{1+\sin\varphi}{2\sin\varphi}\right) - c\cdot\cot\varphi - q\right]R_{\mathrm{p}} \qquad (1\text{-}23)$$

与球对称和平面轴对称的解相比，上述解可以考虑贯入过程中，桩孔壁剪应力和剪应变的影响，但桩仍然是半无限长的，且无法考虑桩尖附近的沉桩挤土特性。目前，对空间轴对称问题的研究还不完善，还没有达到工程应用的要求。对于岩土材料的各种特有的属性尚无法考虑，研究成果和应用还不能与球对称和平面轴对称的研究结果相提并论。对空间轴对称问题的研究有待进一步深入。

4）平面应变问题 CEM 研究

在城市建设中，特别是在密集的建筑群中沉桩施工时，实际的工程项目的桩基础所处的环境通常是非轴对称的，有必要研究非轴对称条件下的桩土作用机理，来验证基于轴对称理论所设计的基础工程的合理性并提高桩基设计水平，例如：判断非轴对称的影响是否已超出土的材料非线性或几何非线性影响。

由于该问题的复杂性，以及进一步考虑桩土作用的几何非线性和材料非线性的难度较轴对称问题大得多，在圆孔扩张理论中的研究很少。文献[35-36]阐述了某些边界条件下，非轴对称平面应变问题的弹性解，但对于很多实际的工程边界条件，现阶段还没有现成的求解方法。

沉桩挤土中存在下述需要分析研究的问题：

避免沉桩对周围环境（包括地下管道、已有建筑物的基础、道路等）的影响，而在施工场地和已有建（构）筑物之间修隔离墙、开挖隔离槽、设置应力释放孔和预钻孔沉桩等，形成非轴对称的边界条件。

施工场地本来存在非轴对称的边界条件，如：场地靠近边坡或场地地质条件突变等天然存在的非轴对称问题。但目前对以上问题采用的解决方法是经验性的，缺少理论依据。

1.2.2　应变路径法（SPM）

Baligh[37-38]认为圆孔扩张法用于对旁压试验结果的分析是正确的，但将其应用到深基础问题的分析不合适，并提出适用于深基础问题的研究方法——应变路径法（SPM）。该方法认为在深层贯入的土体变形的计算中，在不考虑土体本构模型的条件下，仍有足够的精度。在均质、各向同性的土体中，可利用一个点源（source）和一个均匀的竖直方向的流场相结合，模拟出一个光滑的、圆头桩的沉桩过程（图 1-5）。首先利用流速沿着流线对时间积分得到位移场，再由几何方程得到应变，进而由物理方程得到应力。

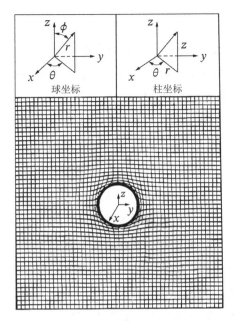 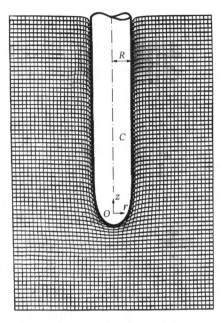

图 1-5 应变路径法示意图

Baligh 提出的应变路径法如图 1-5 所示，设土体中的圆孔径向扩张体积扩张速度为V，并用流速势函数ψ^0表示为：

$$\psi^0 = \frac{V}{4\pi}\cos\varphi \;,\;\; \varphi = \arctan\frac{r}{z}$$

则桩周土各点的径向和轴向的速度为：

$$\begin{cases} v_r^0 = \dfrac{V}{4\pi}\dfrac{\sin\varphi}{\rho^2} = \dfrac{1}{r}\dfrac{\partial\psi^0}{\partial z} \\[3mm] v_z^0 = \dfrac{V}{4\pi}\dfrac{\cos\varphi}{\rho^2} = -\dfrac{1}{r}\dfrac{\partial\psi^0}{\partial r} \end{cases}$$

式中：V为体积扩张速度。

在轴向速度v_z^0上叠加轴向均匀流速U，叠加后可得最终的流速势函数为：

$$\psi = \psi^0 - \frac{r^2}{2}U$$

因为叠加了竖向的流场，所以与基于球对称和平面轴对称的 CEM 相比，SPM 对桩体贯入的模拟更接近实际情况。SPM 基于流速势函数的分析，可以更直接地得到土体中位移分布。

SPM 也存在一定的不足：

由于采用流场来分析土体中桩体的贯入问题，土体颗粒被视为和流体相似的无黏性的材料；而实际上土体与流体相比，性质上有较大的差异，如黏性、塑性和剪胀性等。采用 SPM 法得到的解中，有效应力解有可能不满足土体的本构关系，总应力解可能不满足平衡方程。

由于采用无限土体的假定，不存在地基土的表面，而实际上存在地面，即应力自由面，在桩贯入过程中还会产生地面隆起。在深贯入问题中，由于高围压的存在，桩体可以近似看作在无限介质中的扩张，因此 SPM 法只适合于深贯入的分析。

土体中竖向速度 υ_z^0 上叠加竖向均匀流速 U，适用于体积不可压缩的流体，并不完全符合实际，因此 SPM 只能近似处理黏土中的不排水贯入问题，在排水情况和摩擦型土中应用缺乏依据。

在 Baligh 提出 SPM 后，Houlsby[39]、Teh 和 Houlsby[40-41]尝试将 SPM 应用到浅基础中，采用 Mises 屈服准则，并考虑平衡方程，用有限差分法分析锥形贯入计贯入问题。Sagaseta[42] 吸收了 SPM 贯入过程中土体运动形成无旋的速度场的假设，在用点源和流场求解位移场的基础上，提出源-汇（source-sink）法模拟沉桩过程：将土体中不排水贯入过程，看作一个点源在无限土体中匀速下沉形成柱状孔的过程，贯入过程会在土体的应力自由边界上产生正应力和剪应力。Sagaseta 采用两种方法抵消边界上的应力，如图 1-6 所示。

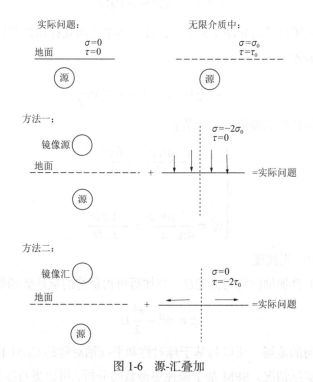

图 1-6　源-汇叠加

镜像为汇，可抵消边界上的正应力，但这样也使边界上的剪应力加倍，所以还必需引入剪应力的修正项。

镜像为源，可抵消边界上的剪应力，但这样也使边界上的正应力加倍，所以还必需引入正应力的修正项。

原无限土体中的 SPM 得到的位移叠加镜像的源或汇产生的位移，再叠加相应的应力修正项引起的位移, 就可得到土体中任一点由于贯入引起的位移。Chow 和 Teh[43]用叠加方法求出了桩周土体的竖向位移场式(1-24)。

$$s_z(x,z) = s_{zs}(x,z) + s_{z\tau}(x,z) \tag{1-24}$$

式中: $s_{zs}(x,z) = \dfrac{d_0^2}{16}\left\{[x^2+(z-L_0)^2]^{-\frac{1}{2}} + [x^2+(z+L_0)^2]^{-\frac{1}{2}} - 2(x^2+z^2)^{-\frac{1}{2}}\right\}$

$$s_{z\tau}(x,z) = \frac{1}{4\pi}\int_{r=0}^{\infty}\mathrm{d}r\int_{\theta=0}^{2\pi}\frac{d_0^2}{4r}\left[1-\left(1+\frac{L_0^2}{r^2}\right)^{-\frac{3}{2}}\right]\frac{z(x\cos\theta-r)}{(x^2+z^2-2rx\cos\theta)^{\frac{3}{2}}}\mathrm{d}\theta$$

Sagaseta[44]对点源-汇法进行总结, 提出 SSPM(Shallow Strain Path Method)。在 SSPM 中, 通过源-汇法求得位移场, 并利用位移率的概念进行大变形分析, 但由于修正应力引起的位移没有考虑大变形的影响, 所以进行的大变形分析只是局部的。

SSPM 考虑了土体的表面影响, 可以应用于浅层贯入问题, 是 SPM 的发展。但它也有缺点, 首先, SSPM 研究的对象为饱和土体不排水贯入情况, 由体积守恒得到的位移解, 因此无法考虑土体的体积应变。其次, 土体被假定为线性材料, 用叠加原理来处理应力、位移等求得最终解, 而实际上土体不是线性材料, 由此得到的解不一定合理。朱宁[45]结合应变路径法对现有的球孔扩张法进行改进, 得到了半无限空间下球孔扩张产生位移解, 以此解为基础, 得到静压桩施工产生的挤土位移场的理论解, 具有较大的理论和工程意义。

1.2.3 有限单元法(FEM)

采用有限元法模拟桩体的贯入过程, 可以解决沉桩过程中的几何和材料双重非线性问题, 当采用较复杂的土体本构模型和边界条件时, 求解析解、半解析解或近似解是很困难的, 采用有限元法可以克服这方面的问题。

1)小变形 FEM 分析

沉桩模拟的有限元分析首先由 Carter[27]提出。在研究中采用的土体模型有理想弹塑性模型和修正剑桥模型, 将土体视作两相物质, 应用 Biot 理论分析其固结过程。由于小孔从半径为零开始扩张会造成计算中应变无穷大, 所以小孔的扩张从初始半径a_0开始。由于只考虑平面应变问题, 其有限元网格单元采用了圆环单元, 用此方法可计算排水或不排水沉桩过程中及成桩后任一时刻的桩周土压力及孔压。

朱泓、殷宗泽[46]采用空间轴对称有限元对沉桩过程进行了模拟, 将沉桩过程视为从具有初始半径a_0的圆柱形空腔体扩张到$2a_0$的过程。彭劼[47]采用空间轴对称解, 用剑桥模型对圆孔扩张问题进行了模拟。

施建勇[48]选用修正剑桥模型作为土体本构模型进行了分析计算, 结果表明: 考虑土体的塑性性质和桩体贯入过程的挤土效应对分析桩周土体的应力和变形是必要的, 该研究采用小位移、小应变。为了反映大变形, 在每一个增量计算结束后, 重新计算有限元网格的坐标，重新生成劲度矩阵，代入下一次增量计算，这种方法近似于修正的 Lagrangian 法，但是应变的表示式仍然是一次的，不同于大变形理论的二次应变计算式。

2）大变形分析

为了考虑沉桩过程中的几何非线性问题，Banerjee[49]发展了一套欧拉方程，利用应力和应变变化率之间的关系，用有限元法计算出沉桩过程桩周土体中的应力和孔隙水压力。Nystrom[50]认为实际上桩体贯入的过程中应变很大，靠近桩周的土体应变更大，呈现出材料与几何的双重非线性，因此小应变假设不合实际，提出用大变形有限元分析桩体的贯入问题。Cividini 和 Gioda[51]、Budhu 和 Wu[52]在贯入体与土体之间设置无厚度单元对接触面进行模拟，分别就黏土和砂土中的贯入问题进行大变形分析。上述文献用 Eulerian 方法考虑沉桩挤土的几何非线性，由于 Eulerian 方法使用不方便，因此 Kiousis 等[53]对其进行了改进；Liyanapathirna 等[54]采用近似 Eulerian 方法对沉桩过程进行模拟。Sikora 等[55]在 Lagragian 算法的基础上，用时间积分的方法得到其有限元解。

Chopra[26]也认为桩贯入土体时，土体中（特别是紧靠桩壁的土体）的应变不再是小应变，而应当为大应变，同时考虑土体的塑性变形，建立了一种与时间相关的大变形有限元固结分析方法 Total Lagrangian（TL），由于 TL 法的刚度矩阵过于复杂，因此在分析中使用了 Updated Lagrangian（UL）方法，每一增量步后修正参考构形，土体采用修正剑桥模型及有效应力原理，土中水的流动服从达西定律，用 Biot 理论分析固结。在圆孔扩张及之后的固结分析中，仍然考虑平面应变问题。对于大变形分析的结果，经与 Randolph[56]的小变形结果比较可知，分析结果与小变形有限元相差不大。

谢永利[57]首先开展了土体固结的大变形研究。鲁祖统[58]用空间轴对称有限元，考虑大变形，认为土体是服从 Mohr-Coulomb 屈服准则的弹塑性材料，用逐步给定水平位移、竖向作用摩擦力及端阻力的办法，模拟了静力压桩过程，同时分析了因沉桩引起的桩周土体强度和模量下降及桩侧阻力对分析结果的影响，建立了空间轴对称问题、考虑大变形和弹塑性耦合的有限元方程，并对单桩压入饱和黏土中时桩和土体的变形情况进行了研究。

针对静压桩这种特殊工况，除有限单元法外，也有学者采用有限差分法和离散元等方法来模拟桩贯入过程中桩周土的应力和应变变化，如：Soderberg[59]、Baligh[37]、Huang[60]以及 White 和 Bolont[61]。

应该说，有限元分析在贯入问题的分析中有很大的发展潜力。从理论上来讲，有限元法是工程计算中较为通用的方法，它可以较全面地反映土体中的应力、位移和孔隙水压力情况，但在实际应用中还存在许多问题：

贯入的过程是桩、土相互作用的过程，因此对桩土之间的接触面的分析十分重要，但目前有限元尚无法较好地解决这类问题。

贯入过程是一个连续的三维扩张过程，有限元方法无法精确模拟。

有限元的计算精度严重依赖于本构模型的选择以及相应参数的确定。现阶段，土工试验试样制备的难度较大，模型参数的确定有较大难度，因此有限元的最终结果会产生较大误差。

1.2.4 试验分析

1）室内模型试验

由于对土体中静力贯入问题进行严格的理论分析难度较大，并且理论分析所需参数仍然需要通过试验分析获得，理论分析得到的结果也需要试验验证，所以有必要加强试验分析与研究。

俞季民、魏杰[62]借助于模型槽试验，建立贯入阻力和土体性质间的经验关系，主要包括：贯入阻力与相对密度，摩擦角以及状态参数的关系。

模型槽试验中，最重要的问题是土体位移和应力以及超孔隙水压力的测量。研究者已经在这方面取得了许多实际经验。Steenfelt[63]在桩体上设置摩擦力和侧压力测量元件，测定模型槽中桩体贯入过程中的应力。对于土体位移量测，有定时连续摄影、X 射线透视铅丸跟踪、X 射线衍射、立体摄影等方法。

Randolph[64]通过将一系列的底部开口和闭口的预制桩压入黏土中，发现对于闭口桩，土体变形在地面以下 6 倍桩径的范围内基本径向分布，没有明显的隆起现象。竖向变形仅发生在距桩壁一个半径的范围内，在距桩壁三个半径以外的地方仍可观测到侧向变形，这个观测结果，能很好地与用圆孔扩张法计算得到的结果相吻合。Steenfelt[63]通过将模型桩贯入不同超固结比的土体中，也得到近似的结论。

虽然模型槽试验可以得到一些贯入阻力和土体性质之间的关系，但也有明显的不足：

由于模型槽尺寸有限，存在比尺效应，相似比关系很难满足，因此所得的结果将与现场实际有较大的出入。在模型槽试验的结果未作修正之前，无法将其结果直接应用于工程实际。

一种土体的模型槽试验所得的模型关系式，不能直接用于另一种土体。

2）现场模型试验

为了得到更加接近工程实际的模型关系式，研究人员做了大量的现场模型试验。Housel 和 Burkey[65]、Cummings[66]首先开始了桩体贯入效应的现场观测，他们发现，明显的土体扰动发生在距桩壁 2 倍桩径的范围内。Seed 和 Reese[67]观测了软土中桩体贯入过程中的孔压变化状况，发现在距桩中心 15 倍桩径以外的区域，超静孔压很小，观测结果显示沉桩产生的压应力主要转化为孔隙水压力。Holtz 和 Lowitz[68]、Fellenius 和 Samson[69]、Orrje 和 Broms[70]都认为在 2～3 倍桩径以外区域土体的含水量和不排水抗剪强度几乎不变。Jardine 和 Bond[71-72]通过在伦敦软土中贯入试验发现在贯入过程中出现负孔压，取贯入后的土体在高倍放大镜下观测，发现土体有规则地向下移动。O'Neill[73]通过对总应力和孔隙水压力等的现场试验和观测，也得到相似的结论。Pestana 和 Hunt[74]发现桩周土体中超静孔压与距桩体的距离呈$1/R^2$的衰减关系，土体的侧向位移的观测值与用柱形孔扩张方法求得的位移值接近，特别是距离桩体一定距离的区域。

现场模型试验可以较好地模拟实际的工程情况，可以更准确地反映贯入后的土体变化情况，因此现场模型试验是较为可靠的手段。现场模型试验的缺点是：首先，现场试验中得到的结论有一定的局限性，只能在相应的边界条件和土体中应用，不能简单地推广到其他情况；其次，现场试验中土体的模型参数难以确定；最后，现场试验成本较高，不可能广泛开展。

通过对相关试验和理论研究文献的分析可知，虽然桩体贯入的土体不同，但以下规律在各试验中都能够体现：

桩周一定范围内的土体会产生较大的扰动，相当于圆孔扩张法中的塑性区；对于不同的土体，塑性区的范围不同，但大致为3倍桩径以内；与圆孔扩张法的计算结果相比，可以看出圆孔扩张法的解在土体弹性区域内能够较好地满足，但在塑性区域的解有较大的误差；产生误差的原因为，在塑性区域除了存在径向变形外，还存在较大的轴向变形。

在贯入初期，桩体进入土体的体积还很小，同时由于靠近地面，上部约束较小，土体产生较大的竖向变形或地面拱起。随着桩体入土体积的增大，桩体挤开的土体积增大，而上部土体有一定的厚度，对下部土体产生较大的约束，土体的侧向变形增大。

地面附近的桩周土体存在隆起现象，对于桩周土体的隆起，圆孔扩张法无法给出解。SSPM可以考虑土体隆起现象，但考虑其他的影响因素计算难度将大大增加。

1.2.5　初始超静孔压分布和消散研究现状

针对桩孔扩张过程中，桩周土体固结或超孔压消散问题，文献[75]应用小孔扩张理论分析桩周土中超静孔隙水压力的分布及大小；施建勇[76]根据空间轴对称沉桩模型的理论解和Henkel公式，得到成桩后桩周土体初始孔压分布的理论解；唐世栋、何连生等[77]通过对桩基施工过程中实测资料的分析，探讨了沉桩时单桩周围土中产生的超孔隙水压力的大小、分布及影响范围。宰金珉、王伟等[78]引入深度参数，分析饱和软土中静压单桩引起的超静孔隙水压力。陈海丰[79]利用有限元对饱和砂土的沉桩进行分析，采用标准砂进行三轴固结排水剪切试验，讨论了标准砂的剪切模量、弹性模量、剪切强度、内摩擦角和相对密度的变化，然后利用这些参数计算桩基承载力，固结结束后单桩承载力提高约50%。

桩沉入土中之后，其周围土体受到严重的挤压变形和重塑，引起很大的超静孔隙水压力，在一倍桩径范围有时可以超过上覆土层的自重压力[80-81]，使土体的有效应力大大下降。由于土体的扰动与再次固结多发生在桩的侧壁附近，因此承载力增大是因为侧阻力的提高[82-83]。Azzouz[84]对一试验桩进行试验发现，桩周土体完全固结需要200～400天。

粉土和中砂中，沉桩引起的超静孔隙水压力消散得非常快，使作用在桩壁的水平应力增大，加大了桩的侧壁摩擦力[83,85]。Robertson等[86]也发现粉土中孔压消散后，静力触探侧壁阻力有很大提高。通常认为粗砂和砾石中不存在承载力的时间效应，但 Axelsson[82]通过大量的现场试验指出，在中、粗砂和砾石中存在时间效应。York[87]指出在密实和级配良好的砂中，桩基承载力的时效性显著，松散和不良级配的砂中时效性不明显。

Branko 和 Hugo[88]利用可以测量水平总应力和孔隙水压力的静力触探仪在中等-坚硬的灰色黏土中进行了应变保持试验，发现作用于触探杆壁上的水平总应力很快松弛，说明存在流变行为。地基土特别是饱和黏性土或海相沉积的淤泥等，土的固结和流变性质对桩周和桩间土的工程性质起重要作用。空间轴对称问题固结解的研究最早是针对砂井地基进行的，其理论解最早是由 Barron[89]提出的，该理论采用与太沙基理论中相同的假设条件，但假设只在径向发生孔隙水的渗流，后利用 Newman-Carrills 定理进一步考虑竖向渗流的影响。赵维炳、施建勇[90]对软土的固结和流变做了较深入的研究和总结。此后其他学者又提出了多种轴对称固结问题的解。

对固结流变问题的研究有陈宗基[91]提出固结流变模型；Lo[92]基于 Merchant 流变模型给出了一维固结问题的级数解；Komamura[93]提出了一种适用于土体的流变模型；赵维炳[94-95]提出了广义 Voigt 模型模拟的饱和土体轴对称固结理论解和基于广义 Voigt 模型模拟的饱水土体一维固结理论，用于求解竖井地基固结问题；刘兴旺等[96]发展了赵维炳的理论，推导了基于 Merchant 流变模型的自由应变和等应变条件下竖井地基黏弹性解；刘加才[97]提出了竖井未打穿均质地基的黏弹性固结解析解。

1.3 研究目的和研究内容

1.3.1 研究目的

工程实践中需要对静压桩施工过程中产生的挤土效应做深入的研究，研究内容通常包括：沉桩过程中桩周或桩间土体的位移、应变、应力和孔隙水压力空间分布规律。成桩后桩周或桩间土体的位移、应力和孔隙水压力随时间的变化规律。沉桩过程和成桩后土体的位移、应力和孔隙水压力的变化对周围环境和地基土体工程性质的影响。

由于问题较为复杂，现阶段所取得的研究成果距工程应用的要求还有较大的差距，其困难主要体现在下述三个方面：

工程场地的工程地质条件或施工环境的复杂性，导致较精确模拟沉桩过程的力学模型必须是三维的。同时，模型不仅边界条件复杂，而且会随沉桩发生变化。

土是多相、摩擦型材料，具有剪胀性、压硬性和触变性等特性。当前，建立通用的、精确的本构关系是不大可能的，只能对某一种或某一类土建立相应的本构关系。由于土的种类繁多，且随所处地域的变化而变化，当前对适用工程实际的土的本构关系的研究有待进一步加强。

静力压桩的挤土作用产生的附加应力场和位移场不仅是空间坐标的函数，而且随时间的变化而变化。相应的孔隙水压力、有效应力、土体的稳定性和土本身的强度以及力学模型的边界条件都会随时间发生变化。

针对上述难点，本书研究的主要目的包括：

有限长静压桩沉桩挤土造成的位移、应变和应力场的解。

静压桩沉桩挤土造成的超静孔隙水压力分布的解。

单桩桩周和群桩桩间土体中超静孔隙水压力的消散或固结规律研究。

非轴对称边界条件下圆孔扩张解。

1.3.2　研究内容和研究方法

1）空间轴对称桩孔扩张位移和应力

通过对上述研究现状的分析，本书认为静压桩的沉桩力学模型应考虑下述问题：

问题应为半空间轴对称问题，地面应为自由面。

圆孔扩张过程中孔壁边界应为位移边界，即桩孔终孔形状和大小应和实际工程桩相同，以应力为孔壁边界条件只适用于平面轴对称的一维问题或球孔扩张问题。

桩长是有限的，桩身侧向挤土，主要产生侧向挤压力。桩尖附近同时有竖向和侧向挤土，桩尖下小范围内可能产生劈裂拉应力和负孔压，土体为非线性材料。

上述模型综合考虑桩长有限、地面自由、孔壁位移边界条件和土体非线性，求解精确的理论解是比较困难的，本书拟通过设定较符合实际情况的位移函数，用变分原理推导位移和应力解。

2）初始超孔压分布和固结规律研究

借鉴砂井地基固结流变问题的研究思路，发现沉桩过程中和成桩后，桩孔扩张造成的地基附加孔隙应力的消散具有下述特点：

与砂井地基固结问题相反，孔壁处无径向渗流或排水。

地基中初始超静孔隙压力不再是常数，而必然是空间坐标的函数，需要首先获得初始孔隙压力的空间分布。

同时存在径向和竖向的固结或渗流，且土体径向和竖向的渗透系数通常是不同的。

需要综合考虑桩土作用的力学和时间特性，分析沉桩挤土作用造成的超静孔隙水压力的分布及其对地基土的工程特性和周围环境的影响。

本书将围绕上述问题，首先建立问题的数学模型，然后结合实际桩基工程的边界条件和超孔隙水压力的初始条件，用数学物理方法得到合理的、适用的解。

3）非轴对称边界条件下圆孔扩张

实际的工程设计与施工中，沉桩挤土作用通常基于非轴对称边界条件，如：避免沉桩对周围环境的影响，而在施工场地和已有建（构）筑物之间修隔离墙、开挖隔离槽、设置应力释放孔和预钻孔等，形成非轴对称的边界条件；施工场地本来存在非轴对称的边界条件，如场地靠近边坡或场地地质条件突变等天然存在的非轴对称问题。

目前对上述问题的分析与采用的解决方法基本上是经验性的，缺少严密的理论解。本书拟通过下述步骤得到半平面上，即具有直线边界的圆孔扩张问题的近似理论解：

通过坐标变换，用坐标值表示无穷远处边界和直线边界，并使直线边界和无穷远处具有相同的零位移，这种设定使位移边界相对简单，既方便了位移的求解，也符合工程设计和施工中不对场地周围环境造成影响的要求。

使用双极坐标，得到满足边界条件的位移函数。根据几何和物理方程进一步得到问题的应力解。

当初始圆孔离直线边界的距离增大时，直线边界对圆孔扩张的影响将逐渐减小，极限情况是圆孔离直线边界的距离为无穷大时，本章的位移和应力解可退化为轴对称柱孔扩张的解。

由于缺少实测数据，本章拟对该问题进行有限元计算，通过有限元计算结果和本章解的比较，进一步对本章结果进行验证。

根据桩体的平衡条件，推导桩孔径向扩张量和平移量的定量关系，从而根据实际的径向扩张量来求解特定条件下桩孔的水平平移量。

第 **2** 章

基于变分原理的静压桩
桩孔扩张理论解

2.1 概　述

当前，广泛应用于静压桩挤土效应理论分析的球孔扩张或柱孔扩张法，分别假定初始小孔和终孔形状都为球形或圆柱形，这样的假定大大简化了桩孔扩张的力学模型，可得到很多实用的解，但实际的贯桩过程发生在半无限成层土体中，具有空间轴对称性，桩的形状和长度也各不相同，因此需要研究半无限土体中一般桩孔扩张的特性和解。

陈文[34]考虑了压桩问题的应力边界值随深度的变化，得到了空间轴对称问题的弹塑性解，但其中竖向应变为零，且孔壁边界附加应力随深度线性单调递增不完全符合实际情况。Sagaseta[42,44]认为压桩问题中桩周土体变形可以视为位移-位移问题，提出源-汇法来求解土体内圆孔扩张引起的变形问题。对于半无限土体问题，则采用地表应力修正的方法来解决，根据求解对象采用不同的修正方式。李月健[98]、罗战友[99]、汪鹏程[100]等也都采用过类似的思路来解决半无限问题。朱宁[45]对现有的球孔扩张法进行改进，得到了半无限空间中球孔扩张产生的位移解，以此为基础，得到静压桩施工产生的挤土位移场的理论解，具有较大的理论和工程意义。但上述文献中的土体线弹性的假定或叠加原理无法反映土的本质特征。

桩孔扩张过程中，桩身段主要沿径向扩张，桩尖沿竖向向下挤压，桩身与桩尖的过渡段既有径向扩张也有竖向挤压，但扩张量小于桩身，竖向挤压量小于桩尖，且桩端也不一定是半球形的，所以桩孔扩张和传统的圆孔扩张不同，为避免混淆，本书重新定义了桩孔扩张法：假设半无限土体中有一特定形状和大小的初始小孔，保证初始小孔的尺寸和预钻孔尺寸相近。对没有预钻孔情况，小孔的尺寸应较小或根据扩孔排土体积等效的原则确定[46]。根据静压桩的实际沉桩过程和终孔后的桩孔大小和形状，确定某种较为合理的扩孔规律，使初始小孔扩张到符合实际的大小和形状，进而求得桩周岩土体中的位移、应变、应力和超静孔隙水压力等的空间时间变化规律的方法，本书称为桩孔扩张法。根据定义，桩孔扩张法包括经典的圆孔扩张法。

本章不采用上述文献的研究方法和假设条件，而是采用桩孔扩张法，考虑桩孔扩张的空间性、初始孔壁边界曲线和终孔孔壁曲线的形状，以及扩孔过程中孔壁位移边界条件、地面的零应力条件，利用非线性本构关系和变分原理，求解桩孔扩张问题的解。

2.2 基于变分原理的静压桩桩孔扩张法

2.2.1 基于变分原理的桩孔扩张法的提出

静力压桩会对桩周土产生挤压作用，使桩周土体的工程力学性质发生改变，并可能对周围环境和桩基本身的工程性质产生很大的影响，因此对桩周土体应力场和位移场的研究十分必要。静力压桩的挤土效应研究的内容主要是较精确地模拟沉桩的过程，包括对位移、应变和应力场的模拟。精确模拟沉桩的过程是非常困难的，主要体现在以下两个方面：

模拟沉桩过程的力学模型必须是三维的，终孔孔壁边界必须和桩的形状基本相同，所以孔壁边界面或边界曲线必然是空间坐标的复杂函数。

土是多相、摩擦型材料，具有剪胀、压硬等特性。所选用的本构关系除尽可能反映土的本质属性外，还需要满足实用性要求，即参数容易确定和避免求解过程过于复杂。

静压桩沉桩挤土的理论分析方法，现阶段主要包括圆孔扩张法（CEM）和应变路径法（SPM），CEM 严格从力学的角度来考虑桩孔扩张问题，它的解答满足静力平衡方程和位移协调方程。同时，对于一维的平面轴对称问题和球对称问题不仅可以考虑复杂的本构关系，还可以考虑具有黏性的问题。对于空间问题，由于当前数学力学水平的局限，对于具有稍微复杂的研究区域或稍微复杂的位移或力的边界问题，得到线弹性问题的解答通常都是比较困难的，对于岩土这种显著非线性材料的研究更是困难重重。与圆孔扩张法相比，应变路径法用流场来模拟位移场，考虑到土体中存在的竖向变形，附加了竖向的流场，因此可以考虑贯入过程中土体变形与竖向坐标的关系。但 SPM 也存在不足，它假定土体不可压缩，采用流场来分析土体中桩体的贯入问题，土体颗粒被视为和流体相似的无黏性的材料，而实际上土体与流体相比，性质上有较大的差异，具有黏性和剪胀性等。

变分原理以积分形式的数学模型来描述工程力学问题，虽然得到的是近似解，但从理论上是严密的，只要设定的位移试探函数或应力函数合理，理论上讲是可以得到精确解的，即最终可以收敛于精确解。所以不用基于 CEM 和 SPM 理论提出的观点和研究方法，而是选用变分法来实现对桩孔扩张挤土效应的模拟。

2.2.2　基本假定

基于以下基本假定进行研究：

土体为非线性的连续介质。

桩孔扩张服从小变形理论。

土体应力应变服从 Duncan-Chang 模型。

土体为正常固结土。

2.2.3　桩孔扩张位移、应变和应力场求解

1）变分原理简介

变分原理以积分形式的数学模型来描述工程力学问题，与描述同一问题的微分方程及其边界条件构成的定解条件是等价的。假设桩孔扩张符合简单加载过程，根据弹性非线性材料、弹塑性材料，即非线性形变理论的变分原理[101-102]，在满足变分约束条件的容许位移或应变函数中，求解使式(2-1)泛函实现驻值或极值的位移或应变函数为变分问题的解函数：

$$\Pi = \iiint\limits_{V} \left[A(\varepsilon_{ij}) - F_i u_i \right] dV - \iint\limits_{S_1} \overline{P}_i u_i \, dS \tag{2-1}$$

式中：F_i 为体积力；$\overline{P}_i$ 为已知力的边界 S_1 上的已知力；$A(\varepsilon_{ij})$ 为势能密度。

对于空间轴对称问题，势能密度为式(2-2)。

$$A(\varepsilon_{ij}) = \int_0^{\varepsilon_r} \sigma_r(\varepsilon_{ij}) d\varepsilon_r + \int_0^{\varepsilon_\theta} \sigma_\theta(\varepsilon_{ij}) d\varepsilon_\theta + \int_0^{\varepsilon_z} \sigma_z(\varepsilon_{ij}) d\varepsilon_z + \int_0^{\gamma_{zr}} \tau_{zr}(\varepsilon_{ij}) d\gamma_{zr} \tag{2-2}$$

式中：ε_{ij} 为 ε_r、ε_θ、ε_z、γ_{zr} 四个应变分量。

泛函式(2-1)的变分约束条件为：

（1）应变位移关系式（以压为正）：

$$\varepsilon_r = -\frac{\partial u_r}{\partial r}, \ \varepsilon_\theta = -\frac{u_r}{r}, \ \varepsilon_z = -\frac{\partial w}{\partial z}, \ \gamma_{zr} = \frac{\partial u_r}{\partial z} + \frac{\partial w}{\partial r}$$

式中：u_r、w 为径向位移和竖直向位移；ε_r、ε_θ、ε_z、γ_{zr} 分别为径向应变、环向应变、竖向应变和 zr 方向的剪切应变。

（2）已知位移边界条件：

$$u\big|_{g(z,r)=0} = \overline{u}(r,z)$$

式中：$\bar{u}(r,z)$ 为已知位移边界上的位移值；$g(z,r)=0$ 为已知位移的边界曲线方程。

2）设定位移函数

设定位移函数是变分法中非常关键的一步，首先需要考虑位移边界条件。通常对压桩问题的模拟有三种边界条件，如图 2-1 所示。柱孔扩张法的孔壁应力边界，应力贯入法的应力边界，位移贯入法的位移边界。柱孔扩张法仅考虑桩孔的径向扩张，而应力贯入和位移贯入都仅考虑桩的竖向挤压。本章采用图 2-2 所示的桩孔扩张模型，即初始小孔同时沿径向和竖向扩张。

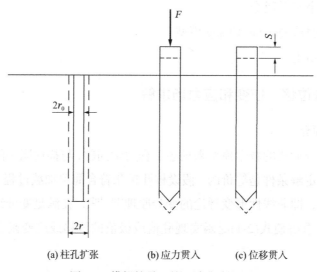

(a) 柱孔扩张　　　　　(b) 应力贯入　　　　　(c) 位移贯入

图 2-1　模拟桩贯入的三种孔壁边界

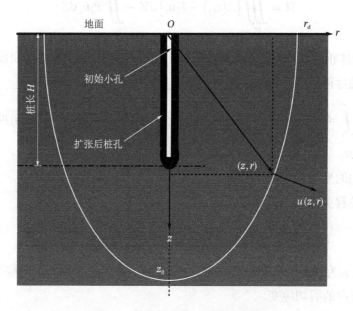

图 2-2　桩孔扩张模型和孔壁边界

空间轴对称问题的各位移、应变和应力分量与环向坐标θ无关，所以可以建立(r,z)坐标面，对于图 2-2 所示的桩孔扩张模型，桩孔边界曲线方程为式(2-3)。

$$g(z, r) = 0 \tag{2-3}$$

边界曲线方程式(2-3)应满足：

当 $z = 0$ 时，$r = r_0$；当 $z = H$，$r = 0$。

式中：H 为桩的入土深度；r_0 为初始小孔在地面处的半径。

与以孔壁为位移边界的条件相适应，初始小孔的形状（即曲线的形状）尽量与终孔后桩孔形状相似。

初始孔壁边界曲线为连续可导函数，避免分段函数造成的求导和位移设定的困难。

为得到势能密度 $A(\varepsilon_{ij})$，需要设定位移场 $u = u(z, r)$，设定的位移场必须满足：位移边界上的边界位移值。

由于非线性空间问题的泛函形式很复杂，如果所取的假设位移项数太多，计算工作量将太大，甚至无法得到计算结果。所以位移函数的选取应尽量符合实际的位移场，项数应尽可能少，位移函数假设的合理性是决定变分法可行性的关键因素，也是难点。

图 2-2 所示的桩周土体区域可认为由一曲线族覆盖，曲线族中任意一条曲线（图 2-2 中的白线）的方程为式(2-4)。当 z_0（曲线与 z 轴交点的坐标）在 $z_0 \geqslant H$ 范围内连续取值时，曲线方程必须可以覆盖研究区域中的任意点，同样，研究区域中的任一点 (z, r) 都对应唯一的一个 $z_0 (z_0 \geqslant H)$ 值，所以整个研究区域由以 z_0 为参数的曲线族构成。

$$f(z, r, z_0) = 0 \tag{2-4}$$

式中：z_0 为曲线参数，当 z_0 取不同值时，式(2-4)代表不同曲线，如图 2-2 所示。

同时，式(2-4)还必须满足：

当 $z_0 = H$ 时，$f(z, r, z_0)|_{z_0=H} = g(z, r) = 0$。

空间轴对称问题的要求，即：$\dfrac{\partial f}{\partial r}\Big|_{r=0, z \geqslant H} = 0$。

曲线族中任一曲线都连续可导。

根据 $u_r = u_{r0} + \sum\limits_m A_m u_{rm}$，$w = w_0 + \sum\limits_m C_m w_m$[101]，通常位移设定包括位移函数 u_{r0}、w_0 和 u_{rm}、w_m［各位移函数的意义见式(2-7)］。下面首先对研究区域的位移函数初始项 u_{r0}、w_0 设定做如下规定：

曲线族中任一曲线上的所有点位移值相同，$u(z, r) = $ 常数，位移方向为曲线的外法线方向，如图 2-2 所示。

当 $z = 0$ 且 $r \geqslant r_0$ 时，r 轴上任一点的位移值满足式(2-5)，方向为过该点曲线的外法线方向。

$$u_{rd} = u_0 \frac{r_0}{r_d} \tag{2-5}$$

式中：u_0 为孔壁边界位移值，沿孔壁外法线方向；r_d 为曲线与地面交点的坐标值，如

图 2-2 所示。

当 $z \geqslant H$ 且 $r = 0$ 时，z 轴上任一点的位移为式(2-6)，且沿 z 轴正方向。

$$u_{zz} = u_0 \frac{r_0}{z_0 - H + r_0} \tag{2-6}$$

令 z_0 和 r_d 位于同一曲线上，根据第一条的规定，某一曲线上的所有点位移值相同可得：

$$u_{rd} = u_{zz} \Longrightarrow r_d = z_0 - H + r_0$$

设 α 为曲线外法线方向与 z 轴的夹角，则式(2-4)所示曲线的外法线方向余弦为式(2-7a)。

$$\cos\alpha = \frac{f_z}{\sqrt{f_z^2 + f_r^2}}, \quad \sin\alpha = \frac{f_r}{\sqrt{f_z^2 + f_r^2}} \tag{2-7a}$$

式中：$f_z = \frac{\partial f(z,r,z_0)}{\partial z}$，$f_r = \frac{\partial f(z,r,z_0)}{\partial r}$。

考虑上述规定，联立式(2-5)、式(2-6)和式(2-7a)可得：

$$w_0 = u_0 \left(\frac{r_0}{z_0 - H + r_0} \cos\alpha \right), \quad u_{r0} = u_0 \left(\frac{r_0}{z_0 - H + r_0} \sin\alpha \right) \tag{2-7b}$$

式(2-7b)设定了初始位移项，它满足所有的位移边界条件和轴对称问题对称轴上径向位移为零的条件。

而附加位移项 u_{rm}、w_m 必须满足：在所有的位移边界上，位移值为 0。轴对称问题对称轴上径向位移为零。

由于 $z_0 = H$ 表示孔壁边界曲线，且 $z_0 = H$ 时，$1 - \frac{H}{z_0} = 0$，所以研究区域内任意点的径向位移 u_r 和竖向位移 w 可表达为：

$$u_r = u_{r0} + \sum_m A_m u_{rm}, \quad w = w_0 + \sum_m B_m w_m \tag{2-7c}$$

式中：

$$w_0 = u_0 \left(\frac{r_0}{z_0 - H + r_0} \cos\alpha \right), \qquad u_{r0} = u_0 \left(\frac{r_0}{z_0 - H + r_0} \sin\alpha \right),$$

$$w_1 = u_0 \left(\frac{r_0}{z_0 - H + r_0} \cos\alpha \right)\left(1 - \frac{H}{z_0} \right), \qquad u_{r1} = u_0 \left(\frac{r_0}{z_0 - H + r_0} \sin\alpha \right)\left(1 - \frac{H}{z_0} \right),$$

$$w_2 = u_0 \left(\frac{r_0}{z_0 - H + r_0} \cos\alpha \right)\left(1 - \frac{H}{z_0} \right)^2, \qquad u_{r2} = u_0 \left(\frac{r_0}{z_0 - H + r_0} \sin\alpha \right)\left(1 - \frac{H}{z_0} \right)^2,$$

$$\vdots$$

A_m、B_m 为相互独立的 $2m$ 个系数；u_{r0}、w_0 为位移函数，在孔壁边界，其值等于边界上的已知位移值；u_{rm}、w_m 为位移函数，在孔壁边界，其值等于零；这样不论 A_m、B_m 如何取值，u_r、w 总能满足桩孔扩张的孔壁位移边界条件。

上述位移函数 u_r、w 还满足以下边界条件：

空间轴对称问题，对称轴上满足：$u_r|_{r=0,z \geqslant H} = 0$。

无穷远处：$u_r, w|_{r=\infty} = 0$，$u_r, w|_{z=\infty} = 0$。

3）几何方程

几何方程是变分约束条件之一，是位移函数和应变之间必须满足的关系式。由于u_r、w中存在参数z_0，所以几何方程需进一步写为式(2-8)。

$$\begin{cases} \varepsilon_r = -\left(\dfrac{\partial u_r}{\partial r} + \dfrac{\partial u_r}{\partial z_0}\dfrac{\partial z_0}{\partial r}\right), \quad \varepsilon_z = -\left(\dfrac{\partial w}{\partial z} + \dfrac{\partial w}{\partial z_0}\dfrac{\partial z_0}{\partial z}\right) \\[2mm] \varepsilon_\theta = -\dfrac{u_r}{r}, \quad \gamma_{zr} = \dfrac{\partial u_r}{\partial z} + \dfrac{\partial u_r}{\partial z_0}\dfrac{\partial z_0}{\partial z} + \dfrac{\partial w}{\partial r} + \dfrac{\partial w}{\partial z_0}\dfrac{\partial z_0}{\partial r} \end{cases} \tag{2-8}$$

式中：$\dfrac{\partial z_0}{\partial r} = -\dfrac{f_r(z,r,z_0)}{f_{z_0}(z,r,z_0)}$；$\dfrac{\partial z_0}{\partial z} = -\dfrac{f_z(z,r,z_0)}{f_{z_0}(z,r,z_0)}$；$f_{z0} = \dfrac{\partial f(z,r,z_0)}{\partial z_0}$。

4）本构关系

由于从初始小孔扩张到设计孔径，在孔壁处应变均较大，用线弹性理论算出的位移和应力值偏差很大，不符合土体材料的非线性的本质。本章采用割线模量模型，即 Duncan-Chang 模型[103-104]，该模型是国内外广泛采用的岩土模型，在各类岩土的应用中积累了较丰富的经验，并给出了多种岩土体的参数使用范围，可供工程计算和理论研究时参考选用。

Duncan-Chang 模型的应力和轴向应变的试验曲线如图 2-3 所示。

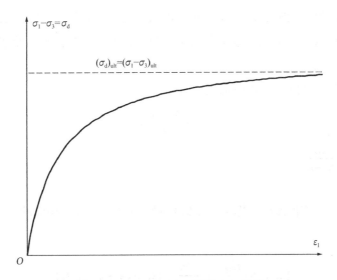

图 2-3　Duncan-Chang 模型 σ_d-ε_1 曲线

由文献[104]可得式(2-9)和式(2-10)。

$$\sigma_d = \frac{\varepsilon_1}{\dfrac{1}{E_i} + \dfrac{\varepsilon_1}{(\sigma_d)_f}R_f} \tag{2-9}$$

初始弹性模量：

$$E_i = Kp_a\left(\frac{\sigma_3}{p_a}\right)^n \tag{2-10}$$

式中：$(\sigma_d)_f = \frac{2c\cos\varphi + 2\sigma_3\sin\varphi}{1-\sin\varphi}$ 为破坏时的侧限抗压强度，可根据 Mohr-Coulomb 准则推得；$R_f = \frac{(\sigma_d)_f}{(\sigma_d)_{ult}}$ 为破坏比，一般 R_f 在 0.75～1.0 之间；c、φ 分别为土的黏聚力和内摩擦角；σ_3 取土的前期固结压力；p_a 为大气压；K、n 为试验常数，K 值可能小于 100，也可能大于 3500，对于软黏土可取 50～200，对于硬黏土可取 200～500，n 值一般在 0.2～1.0 之间。

由式(2-9)可推导得 Duncan-Chang 模型的割线模量式(2-11)。

$$E_{sec} = \frac{\sigma_d}{\varepsilon_1} = \frac{1}{\dfrac{1}{E_i} + \dfrac{\varepsilon_1}{(\sigma_d)_f}R_f} \tag{2-11}$$

式中：ε_1 为第一主应变量，对于空间轴对称问题，竖向和径向的主应变[105]为式(2-12)，另外一个主应变为环向应变 ε_θ。

$$\frac{\varepsilon_1}{\varepsilon_3} = \frac{\varepsilon_r + \varepsilon_z}{2} \pm \sqrt{\frac{(\varepsilon_r - \varepsilon_z)^2}{4} + \frac{\gamma_{zr}^2}{4}} \tag{2-12}$$

Duncan-Chang 模型的体积变形模量为式(2-13)。

$$K_t = K_b p_a \left(\frac{\sigma_3}{p_a}\right)^m \tag{2-13}$$

式中：K_b、m 为试验常数，多数土 m 在 0～1.0 之间，m 值小于零，表示随着围压 σ_3 增大，体积变形模量减小的情况，这是高围压作用下，土颗粒结构破坏的结果。随 σ_3 改变，K_b 有 10 倍左右的变化。

根据弹性常数之间的关系可得泊松比式(2-14)。

$$\nu_t = \frac{3K_t - G_t}{6K_t} \tag{2-14}$$

式中：$G_t = \frac{3K_t E_t}{9K_t - E_t}$。

5）势能密度

对应某一孔壁位移值 Δu，根据上述割线模量和泊松比，可得相应的应力分量增量[106]为式(2-15)。

$$\begin{cases} \Delta\sigma_r = \dfrac{E_{sec}}{1+\nu_t}\left[\dfrac{\nu_t}{1-2\nu_t}(\varepsilon_r + \varepsilon_\theta + \varepsilon_z) + \varepsilon_r\right] \\[2mm] \Delta\sigma_\theta = \dfrac{E_{sec}}{1+\nu_t}\left[\dfrac{\nu_t}{1-2\nu_t}(\varepsilon_r + \varepsilon_\theta + \varepsilon_z) + \varepsilon_\theta\right] \\[2mm] \Delta\sigma_z = \dfrac{E_{sec}}{1+\nu_t}\left[\dfrac{\nu_t}{1-2\nu_t}(\varepsilon_r + \varepsilon_\theta + \varepsilon_z) + \varepsilon_z\right] \\[2mm] \Delta\tau_{zr} = \dfrac{E_{sec}}{2(1+\nu_t)}\gamma_{zr} \end{cases} \tag{2-15}$$

式中：ε_r、ε_θ、ε_z、τ_{rz} 由式(2-8)确定。

根据模型本构关系条件：$\sigma_1 = \sigma_d + \sigma_3$，可得到桩孔扩张的总应力和式(2-15)应力增量的关系：

$$\sigma_r = \Delta\sigma_r + \frac{\nu_0}{1-\nu_0}\gamma z, \quad \sigma_\theta = \Delta\sigma_\theta + \frac{\nu_0}{1-\nu_0}\gamma z, \quad \sigma_z = \Delta\sigma_z + \gamma z, \quad \tau_{zr} = \Delta\tau_{zr}$$

式中：ν_0 为土扩孔前的泊松比；γ 为土的重度；γz 为前期固结压力。

所以势能密度可写为：

$$A(\varepsilon_{ij}) = \int_0^{\varepsilon_r} \sigma_r(\varepsilon_{ij})\mathrm{d}\varepsilon_r + \int_0^{\varepsilon_\theta} \sigma_\theta(\varepsilon_{ij})\mathrm{d}\varepsilon_\theta + \int_0^{\varepsilon_z} \sigma_z(\varepsilon_{ij})\mathrm{d}\varepsilon_z + \int_0^{\gamma_{zr}} \tau_{zr}(\varepsilon_{ij})\mathrm{d}\gamma_{zr}$$

$$= \int_0^{\Delta u} \left[\sigma_r(\varepsilon_{ij})\frac{\partial\varepsilon_r}{\partial u_0} + \sigma_\theta(\varepsilon_{ij})\frac{\partial\varepsilon_\theta}{\partial u_0} + \sigma_z(\varepsilon_{ij})\frac{\partial\varepsilon_z}{\partial u_0} + \tau_{zr}(\varepsilon_{ij})\frac{\partial\gamma_{zr}}{\partial u_0} \right]\mathrm{d}u_0$$

由于位移、应变和应力的表达式中都含有参数 z_0，所以势能密度是 z、r、z_0 函数，即式 (2-16)。

$$A(\varepsilon_{ij}) = \int_0^{\Delta u} D(z, r, z_0, u_0, \overline{A}, \overline{B})\,\mathrm{d}u_0 \tag{2-16}$$

式中：$D(z, r, z_0, u_0, \overline{A}, \overline{B}) = \sigma_r(\varepsilon_{ij})\frac{\partial\varepsilon_r}{\partial u_0} + \sigma_\theta(\varepsilon_{ij})\frac{\partial\varepsilon_\theta}{\partial u_0} + \sigma_z(\varepsilon_{ij})\frac{\partial\varepsilon_z}{\partial u_0} + \tau_{zr}(\varepsilon_{ij})\frac{\partial\gamma_{zr}}{\partial u_0}$，且满足约束条件 $f(z, r, z_0) = 0$；$\overline{A} = \{A_1, A_2, \cdots A_m\}$，$\overline{B} = \{B_1, B_2, \cdots B_m\}$。

6）泛函积分变换

泛函积分是对空间轴对称问题整个研究区域的能量积分，积分存在下述困难：首先，势能密度式(2-16)含有三个空间坐标量 z、r、z_0，它们满足约束条件 $f(z, r, z_0) = 0$，即三个变量并不独立；其次，存在分段函数形式的积分边界：$z \leqslant H$ 时，积分边界曲线为 $g(z, r) = 0$；$z > H$ 时，积分边界为直线 $r = 0$。为简化积分计算，需要进行积分变换，使三个空间坐标量 z、r、z_0 成为两个独立变量，积分边界或积分上下限均为常数。

为达到上述目的，建立图 2-4 所示的变换模型。引入参数 θ，θ 为 z 轴和射线 OB 的夹角，B 点的坐标为 (z, r)，则有 $r = z\tan\theta$，将 $r = z\tan\theta$ 代入曲线方程 $f(z, r, z_0) = 0$ 可得式(2-17)。

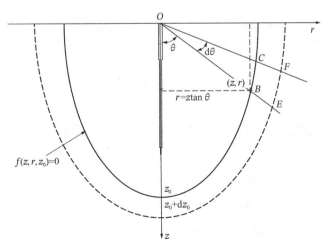

图 2-4　泛函积分变换模型

$$f(z, z \tan \theta, z_0) = 0 \tag{2-17}$$

求解方程式(2-17)可得：$z = \Psi(z_0, \theta)$，所以(z, r)与(z_0, θ)的关系为式(2-18)。

$$\begin{cases} z = \Psi(z_0, \theta) \\ r = \Psi(z_0, \theta) \tan \theta \end{cases} \tag{2-18}$$

将式(2-18)代入式(2-16)，使势能密度成为(z_0, θ)的函数，如式(2-19)所示。

$$A(\varepsilon_{ij}) = \int_0^{\Delta u} D\big(\Psi(z_0, \theta), \Psi(z_0, \theta) \tan \theta, z_0, u_0, \overline{A}, \overline{B}\big) \, \mathrm{d}u_0 \tag{2-19}$$

由图2-4可得三角形ΔOBC的面积：

$$S(z_0, \theta) = \frac{r^2 + z^2}{2} \mathrm{d}\theta = \frac{\Psi^2(z_0, \theta)(1 + \tan^2 \theta)}{2} \mathrm{d}\theta$$

四边形$BEFC$所围成的微面积为式(2-20)。

$$\mathrm{d}S = \frac{\partial S}{\partial z_0} \mathrm{d}z_0 = (1 + \tan^2 \theta) \Psi(z_0, \theta) \frac{\partial \Psi(z_0, \theta)}{\partial z_0} \mathrm{d}z_0 \mathrm{d}\theta \tag{2-20}$$

仅考虑应力增量对能量变化的影响，体积力以及由体积力引起的固结压力为前期平衡力系，不在泛函中考虑，地面和无穷远处的应力为零，所以式(2-1)可写为：

$$\Pi = \iiint_V A(\varepsilon_{ij}) \, \mathrm{d}V = 2\pi \iint_S \int_0^{\Delta u} D(z, r, z_0, u_0, \overline{A}, \overline{B}) r \mathrm{d}u_0 \mathrm{d}S$$

式中：$A(\varepsilon_{ij})$由式(2-19)表示。

将式(2-20)代入上式可得式(2-21)。如图2-4所示，式(2-21)中任意积分点位置由(z_0, θ)确定，包围点(z_0, θ)的微面积由式(2-20)确定，z_0的积分限为(H, ∞)，θ的积分限为$\left(0, \frac{\pi}{2}\right)$，$u_0$的积分限为$(0, \Delta u)$。

$$\Pi = 2\pi \int_H^\infty \int_0^{\pi/2} \int_0^{\Delta u} D(1 + \tan^2 \theta) \Psi \frac{\partial \Psi}{\partial z_0} \Psi \tan \theta \, \mathrm{d}u_0 \, \mathrm{d}\theta \, \mathrm{d}z_0 \tag{2-21}$$

式中：$D = D(\Psi, \Psi \tan \theta, z_0, u_0, \overline{A}, \overline{B})$；$\Psi = \Psi(z_0, \theta)$；$\overline{A} = \{A_1, A_2, \cdots, A_m\}$，$\overline{B} = \{B_1, B_2, \cdots, B_m\}$。

上述通过积分变换，得到针对边界曲线方程$g(z, r) = 0$和设定位移函数w、u_r的泛函式(2-21)，其积分上下限均为常数，所以其积分较容易实现。

7）位移函数的项数确定和待定系数的求解

根据变分原理，设定的位移函数必须满足所有的位移边界条件，并使其中的试探函数的待定系数满足能量最小原理，即必须满足方程组式(2-22)，式(2-22)是以A_i、B_i为未知数的方程组。根据式(2-22)求解系数A_i、B_i，便可得到问题的位移场解。

$$\begin{cases} \dfrac{\partial \Pi}{\partial A_i} = 0 \\[2mm] \dfrac{\partial \Pi}{\partial B_i} = 0 \end{cases} \tag{2-22}$$

式中：A_i、$B_i(i = 1,2,\cdots,m)$ 为互相独立的 $2m$ 个系数，对应的式(2-22)有 $2m$ 个方程。

对于线弹性材料，根据式(2-22)得到的是关于位移函数中待定系数的线性方程组：

$$\sum_{i=1}^{m} \left(A_i \iint\limits_{S} \int_0^{\Delta u} L_{1n}(z,r,z_0,u_0)r\,\mathrm{d}u_0\,\mathrm{d}S + B_i \iint\limits_{S} \int_0^{\Delta u} L_{2n}(z,r,z_0,u_0)r\,\mathrm{d}u_0\,\mathrm{d}S \right) = 0$$

式中：$n = \{1,2,\cdots,2m\}$，即方程个数与待定系数的个数相同，容易求解其中的位移函数的待定系数。

对于非线性材料，根据变分原理得到研究区域能量积分方程并经变分后，得到关于待定系数的非线性方程组：

$$\begin{cases} \iint\limits_{S} \int_0^{\Delta u} N_{1n}(z,r,z_0,u_0,\overline{A},\overline{B})r\,\mathrm{d}u_0\,\mathrm{d}S = 0 \\[3mm] \iint\limits_{S} \int_0^{\Delta u} N_{2n}(z,r,z_0,u_0,\overline{A},\overline{B})r\,\mathrm{d}u_0\,\mathrm{d}S = 0 \end{cases}$$

式中：$\overline{A} = \{A_1, A_2, \cdots, A_m\}$，$\overline{B} = \{B_1, B_2, \cdots, B_m\}$；$n = \{1,2,\cdots,m\}$，即方程个数与待定系数的个数相同。

这些非线性方程组通常没有显式的解答，同时，因为所包含的关于研究区域坐标的积分表达通常也无法积出显式，即被积函数的显式原函数不存在，使待定系数的求解更加困难。本书采用拟牛顿法结合最速下降法[107]以及图解法，得到能量最小值及其所对应的待定系数值。由于每一次迭代都要进行三维积分，求解过程略不同于一般的最优化问题。所以，本书针对该问题编写了 Matlab 程序，可以较快得到最小值及待定系数。

根据变分原理，求解结果的精度跟试探函数的选择和试探函数的项数有关，如果精确解恰好包含在试探函数族中，则将得到精确解。但在实际应用中通常遇到两个方面的困难[102]：

（1）在求解域比较复杂时，选取满足边界条件的试探函数，会产生很大的困难。

（2）为提高近似解的精度，可以增加待定系数，即试探函数的项数，这会增加求解的繁杂性，即增加浮点运算的次数，从而从多方面[107]增大产生不可忽略的舍入误差的可能性。

对于非线性的空间问题，繁杂性随位移项数增加而增加的幅度更大，甚至使待定系数的求解无法实现。所以简单地以增加待定系数的个数来提高求解精度是不可行的。根据上述分析，本章假设试探函数时，尽可能找到合理的函数。

对于变分问题，待定系数通常是土性参数（包括黏聚力、内摩擦角、泊松比和其他本构参数）和几何参数（包括场地和桩的几何特征）的函数或隐函数，对于非线性问题为隐函数。不同的工程问题由于上述参数不同，得到的待定系数值是不同的。

为了验证待定系数确定方法和位移、应力解的合理性，本章对多个实例进行了待定系数计算，进而进行位移场和应力场的计算，并采用经典的土压力理论、圆孔扩张理论、数值计算结果以及现场和室内试验实测资料，从不同角度对待定系数的确定方法和最终的应力位移计算结果进行验证。从验证结果可以知道，上述位移函数的设定较适合于桩孔扩张问题。

本章所有实例的计算结果（包括位移和应力）和验证资料之间存在的误差，特别是位移场解的误差，将在 2.6 节讨论，由 2.6 节可知位移函数的假设不是产生误差的最主要原因。

2.3 算例分析

本章 2.2 节得到桩孔扩张问题的一般解，现通过算例[108]对实际静压桩桩孔扩张问题进行计算分析。

设定初始小孔曲线方程$g(z, r) = 0$分别为式(2-23a)、式(2-23b)和式(2-23c)。

$$z - H\left(1 - \frac{r^2}{r_0^2}\right) = 0 \qquad (2\text{-}23a)$$

$$z - H\left(1 - \frac{r^4}{r_0^4}\right) = 0 \qquad (2\text{-}23b)$$

$$z - H\left(1 - \frac{r^6}{r_0^6}\right) = 0 \qquad (2\text{-}23c)$$

式中：H为桩长；r_0为初始孔口半径。

初始小孔取得太小，会使孔壁附近的应变太大，增加计算误差。同时，如果初始小孔半径取得太大，在终孔半径确定的情况下，又会使桩孔扩张排土量显著减少，不符合实际扩孔过程。

基于圆孔扩张理论，Carter 等[27]和 Randolph 等[80]提出沉桩模拟的小变形有限元分析，他们在研究中采用的土体本构模型分别为理想弹塑性模型和修正剑桥模型。考虑到小孔从半径为 0 扩张会造成计算中应变无穷大，所以他们采用初始半径为a_0的小孔扩张到终孔半径$2a_0$的方法来模拟$0 \sim R_0$的实际扩孔过程（R_0为终孔时桩的半径），得到了足够精确的解。

排土体积相等的条件：$\pi\left[(2a_0)^2 - a_0^2\right] = \pi R_0^2$可推得：$a_0 = \dfrac{R_0}{\sqrt{3}} = \dfrac{d}{(2\sqrt{3})}$。

根据上述分析，对于桩径从 0 开始扩张的实际桩孔扩张过程，可取初始小孔孔口半径为$r_0 = a_0$，并采用半径为r_0的小孔扩张到终孔半径$2r_0$的方法来模拟$0 \sim R_0$扩孔过程。对于有预钻孔沉桩的情形，可以取预钻孔的半径为r_0，采用$r_0 \sim R_0$的精确扩孔方法。后面各算例和试验验证计算中，r_0的取值均遵循这一原则。

桩长$H = 6$m，桩径$d = 0.5$m[108]；根据上述分析，算例中取：$r_0 = d/(2\sqrt{3}) = 0.14$m。

根据式(2-23)，图 2-5 列出三种初始孔壁边界曲线方程。图 2-5 显示，式(2-23a)和式(2-23b)的曲线形状相差较大，而式(2-23b)和式(2-23c)曲线形状相差不大，但总体上多项式中r的方次越高，初始小孔的尖部越钝，桩身越竖直。本书根据初始孔壁曲线边界的不同，分别对如下两种情况进行计算分析和对比验证：

$$\text{算例 1：} \quad z = H\left(1 - \frac{r^2}{r_0^2}\right);$$

$$\text{算例 2：} \quad z = H\left(1 - \frac{r^4}{r_0^4}\right).$$

根据图 2-5 确定的桩孔边界曲线形状和上述曲线外法线方向等值位移假定可知，此时孔壁侧向位移与柱孔扩张的边界位移相近（等比例尺图形上看的更为明显）。桩端附近孔壁边界位移特征是：桩尖处竖直向下，桩尖两侧由深到浅，竖向位移分量逐渐减小，径向位移分量逐渐增加，和球孔扩张过程中孔壁边界位移分布变化规律相近，而且两个不同扩张过程的边界，用一连续曲线表示，符合边界位移、应变和应力的连续性要求，使位移边界的处理更简单、合理。

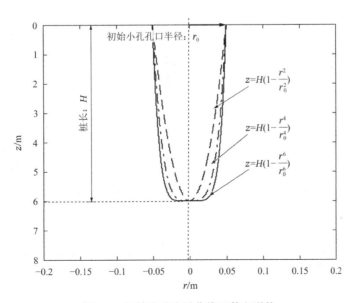

图 2-5　初始孔壁边界曲线函数和形状

两个算例的土工参数[108]见表 2-1。考虑到 Duncan-Chang 模型初始弹性模量随前期固结压力增大而增大，即随深度的增大而增大，较深层土体的物理指标对计算结果影响较明显，本章计算的黏聚力和摩擦角取淤泥质黏土和黏土的平均值：$c = 14\text{kPa}$；$\varphi = 13.25°$，c、φ 为固结不排水指标。

土工参数　　　　　　　　　　　　　　　　　　　　　　表 2-1

土层	深度/m	弹性模量/Pa	泊松比	重度/（kN/m³）	黏聚力c/kPa	内摩擦角φ
粉质黏土	0~2	$3.4×10^7$	0.29	18.5	12	18°
淤泥质黏土	2~4	$2.9×10^7$	0.46	17	13	12°
黏土	4 以下	$3.2×10^7$	0.42	17.5	15	14.5°

由于桩周土体的土性介于软黏土和硬黏土之间，根据文献[104]，两个算例的使用的本构模型参数为：破坏比 $R_\text{f} = 0.8$；初始弹性模量 $E_\text{i} = K p_\text{a}\left(\dfrac{\sigma_3}{p_\text{a}}\right)^n$ 中，$K = 200$，$n = 0.5$；体积变形模量 $K_\text{t} = K_\text{b} p_\text{a}(\sigma_3/p_\text{a})^m$ 中，$K_\text{b} = 50$，$m = 0.5$。

2.3.1　算例分析一

1）位移和应力场解答

根据初始孔壁曲线方程(2-23a)和终孔孔壁的实际形状和比例，建立扩孔模型图 2-6。如图 2-6 所示，由于采用半径为 r_0 的小孔扩张到终孔半径 $2r_0$ 的方法来模拟 $0~R_0$ 扩孔过程，所以孔壁扩张位移值 $\Delta u = 2r_0 - r_0 = r_0$，位移方向为初始孔壁曲线的外法线方向。

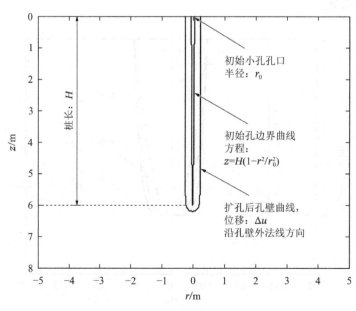

图 2-6　桩孔扩张模型

式(2-4)所示的曲线族方程为式(2-24)：

$$f(z, r, z_0) = \frac{z_0 r^2}{(z_0 - H + r_0)^2} - z_0 + z = 0 \tag{2-24}$$

式中：z_0 为曲线族参数，当 $z_0 = H$ 时，$z = H\left(1 - \frac{r^2}{r_0^2}\right)$，即式(2-24)收敛于孔壁边界曲线方程。

由式(2-24)和式(2-7a)可得曲线的外法线方向余弦式(2-25)。

$$\begin{cases} \cos\alpha = \dfrac{1}{\sqrt{\dfrac{4z_0^2 r^2}{(z_0 - H + r_0)^4} + 1}} \\[6mm] \sin\alpha = \dfrac{2z_0 r}{(z_0 - H + r_0)^2 \sqrt{\dfrac{4z_0^2 r^2}{(z_0 - H + r_0)^4} + 1}} \end{cases} \tag{2-25}$$

根据图 2-4 和式(2-17)，将 $z = \Psi(z_0, \theta)$，$r = \Psi(z_0, \theta)\tan\theta$ 代入式(2-24)求解，可得式(2-26)。

$$\Psi(z_0, \theta) = \frac{-z_0 + H - r_0 + \sqrt{z_0^2 - 2z_0 H + 2z_0 r_0 + H^2 - 2H r_0 + r_0^2 + 4z_0^2 \tan^2\theta}}{\dfrac{2z_0 \tan^2\theta}{(z_0 - H + r_0)}} \tag{2-26}$$

式(2-7)设定位移函数的一般形式，实际计算中总是取有限项，本算例中设定位移为式(2-27)。

$$u_r = u_{r0} + A_1 u_{r1}, \quad w = w_0 + B_1 w_1 \tag{2-27}$$

式中：$w_0 = u_0\left(\frac{r_0}{z_0 - H + r_0}\cos\alpha\right)$，$u_{r0} = u_0\left(\frac{r_0}{z_0 - H + r_0}\sin\alpha\right)$；$w_1 = u_0\left(\frac{r_0}{z_0 - H + r_0}\cos\alpha\right)\left(1 - \frac{H}{z_0}\right)$，$u_{r1} = u_0\left(\frac{r_0}{z_0 - H + r_0}\sin\alpha\right)\left(1 - \frac{H}{z_0}\right)$。

由式(2-8)、式(2-26)、式(2-27)和式(2-15)通过求导运算和替换，可得到势能密度对孔壁位移的变化率函数：

$$D = D(\Psi, \Psi\tan\theta, z_0, u_0, A_1, B_1)$$

由上述变化率函数式(2-26)、式(2-21)可得积分泛函式(2-28)。

$$\Pi(A_1, B_1) = 2\pi \int_H^\infty \int_0^{\pi/2} \int_0^{\Delta u} D(1 + \tan^2\theta)\Psi \frac{\partial\Psi}{\partial z_0}\Psi\tan\theta \, \mathrm{d}u_0 \, \mathrm{d}\theta \, \mathrm{d}z_0 \tag{2-28}$$

式中：$\Psi = \Psi(z_0, \theta)$ 由式(2-26)确定。

根据式(2-28)和 2.3.1 节第 6）条对积分上限取值的分析，取 z_0 的积分上限 $z_u = 300d = 150\text{m}$，然后根据最速下降法结合图解法得到最小能量问题的初始值（有需要的情况下），再根据 2.2.3 节第 6）条所述的拟牛顿法得到足够精确的待定系数值[107]：$\{A_1, B_1\} = \{-2.0, -5.6\}$，对应的能量值为：$E_{\min} = 166\text{kJ}$。

综上，位移场的理论解为式(2-29)。

$$\begin{cases} u_r = u_0 \left(\dfrac{r_0}{z_0 - H + r_0} \sin\alpha \right) \left[1 - 2.0 \left(1 - \dfrac{H}{z_0} \right) \right] \\ w = u_0 \left(\dfrac{r_0}{z_0 - H + r_0} \cos\alpha \right) \left[1 - 5.6 \left(1 - \dfrac{H}{z_0} \right) \right] \end{cases} \tag{2-29}$$

将式(2-29)代入式(2-8)通过简单求导运算可以得到问题的应变场ε_r、ε_θ、ε_z、γ_{zr}。最后由式(2-15)并考虑前期固结压力$\sigma_{30} = \gamma z$（对正常固结土）和模型本构关系中的$\sigma_1 = \sigma_d + \sigma_3$，可得到桩孔扩张的总应力式(2-30)。

$$\begin{cases} \sigma_r = \dfrac{E_{sec}}{1 + \nu_t} \left[\dfrac{\nu_t}{1 - 2\nu_t} (\varepsilon_r + \varepsilon_\theta + \varepsilon_z) + \varepsilon_r \right] + \dfrac{\nu_0}{1 - \nu_0} \gamma z \\ \sigma_\theta = \dfrac{E_{sec}}{1 + \nu_t} \left[\dfrac{\nu_t}{1 - 2\nu_t} (\varepsilon_r + \varepsilon_\theta + \varepsilon_z) + \varepsilon_\theta \right] + \dfrac{\nu_0}{1 - \nu_0} \gamma z \\ \sigma_z = \dfrac{E_{sec}}{1 + \nu_t} \left[\dfrac{\nu_t}{1 - 2\nu_t} (\varepsilon_r + \varepsilon_\theta + \varepsilon_z) + \varepsilon_z \right] + \gamma z, \tau_{zr} = \dfrac{E_{sec}}{2(1 + \nu_t)} \gamma_{zr} \end{cases} \tag{2-30}$$

式中：ε_r、ε_θ、ε_z、τ_{rz}由式(2-8)确定；ν_0为土扩孔前的泊松比；γ为土的重度；γz为前期固结压力。

2）基于 CEM 的侧向应力结果

根据圆孔扩张理论[109-110]，水平和竖向应力增量在塑性区内的分布为式(2-31a)。

$$\begin{cases} \Delta\sigma_r = 2c_u \ln \dfrac{R_p}{r} + c_u \\ \Delta\sigma_z = 2c_u + \ln \dfrac{R_p}{r} \end{cases} \tag{2-31a}$$

在弹性区应力增量为式(2-31b)。

$$\begin{cases} \Delta\sigma_r = c_u \left(\dfrac{R_p}{r} \right)^2 \\ \Delta\sigma_z = 0 \end{cases} \tag{2-31b}$$

式中：$R_p = R_u \sqrt{\dfrac{E}{2(1+\mu)c_u}}$，为塑性区半径；$R_u$为桩孔半径。将表 2-1 中参数代入$R_p = R_u \sqrt{\dfrac{E}{2(1+\mu)c_u}}$可得，塑性区半径$R_p \approx 5R_u$。

3）基于极限平衡理论的随深度变化的侧向应力

圆孔扩张理论可以较好地反映出桩径比与侧压力的关系的影响，但由于小孔扩张理论基于平面轴对称假定，无法反映侧压力随深度的改变。

基于极限平衡理论的侧压力随深度变化规律[111]如式(2-32)所示，由于土的分层特性，被动土压力系数在分层界面处有突变，所以计算得到的被动土压力曲线有突变，如图 2-8 所示。

$$\sigma_r = \gamma z \left[\tan^2 \left(\dfrac{\pi}{4} + \dfrac{\varphi}{2} \right) \right] + 2c \tan \left(\dfrac{\pi}{4} + \dfrac{\varphi}{2} \right) \tag{2-32}$$

4）本书解、圆孔扩张法和极限平衡理论计算结果比较分析

根据式(2-30)、式(2-31a)、式(2-31b)和式(2-32)以及表 2-1 所示的土性参数计算可得：

桩尖附近侧向挤压力沿径向变化规律（图 2-7），侧向挤压力沿深度变化规律（图 2-8）（所有的分析以扩孔前的初始位置为准，即实际位置应为初始位置加上该点的位移值）。

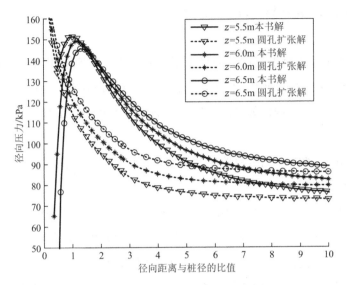

图 2-7　侧向挤土压力沿径向变化规律

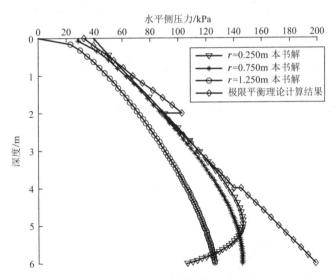

图 2-8　侧向挤压力沿深度变化规律

由图 2-7 可知：

在 10 倍桩径处，本书解和圆孔扩张理论计算结果基本重合。

在 1.5～10 倍桩径范围内，本书解大于圆孔扩张解，这是由于本书采用非线性弹性理论，其非线性区域大于圆孔扩张解的塑性区。

在 0.5～1.5 倍桩径范围内圆孔扩张理论解和本书解相交。

在小于 1 倍桩径范围内圆孔扩张理论解和本书解有本质区别，圆孔扩张法计算结果随桩径比减小单调增大，本书结果恰好相反，在小于一倍桩径，且深度 5.5～6.5m 范围内，根据本书结果绘制的三条曲线可以看出，随着深度增加，侧向应力减小，这与实际桩孔扩张中，桩尖附近径向扩张量较桩身处小，并在桩尖处趋于 0 相符合，所以侧向应力减小，桩尖以下对称轴上出现挤压劈裂造成的拉应力区。

由图 2-8 可知：

在地面处，本书解得到的侧向应力趋于零，这是由于本书选用 Duncan-Chang 模型，其初始弹性模量与场地土的前期固结压力成正比，对于正常固结土，在地面处前期固结压力为 0，所以弹性模量为 0。地面处竖向正应力和剪应力为 0，表明计算结果满足地面为自由面的条件。

在深度 0～5m 范围内，侧压力随深度的变化趋势与极限平衡理论计算结果基本相同，即随深度的变化线性增大。

在 5～6m 范围内变化趋势明显不同，由于桩尖附近径向扩张量明显小于桩身处，和在桩尖以下的对称轴上径向扩张位移为 0，可知在桩尖附近侧向扩张量小于达到极限平衡所需的侧向位移量，即其应力值小于极限平衡理论计算结果。

根据上述结果绘制的三条曲线可以看出，在深度 0～5m 范围内随着深度增加，侧向应力增大，且随离桩孔的距离增加而减小；但在 5～6m 范围内变化趋势明显不同，离桩孔较近处的侧压力迅速减小，如图 2-8 中 $r = 0.25m$ 侧压力曲线就明显地反映了这一特征。

由于土的分层特性，被动土压力系数在分层界面处有突变，所以计算得到的被动土压力曲线有突变，不是一光滑曲线。

图 2-9 和图 2-10 为该算例基于 ANSYS 软件的分析结果[108]，与图 2-7 和图 2-8 比较可知，两者吻合的较好。

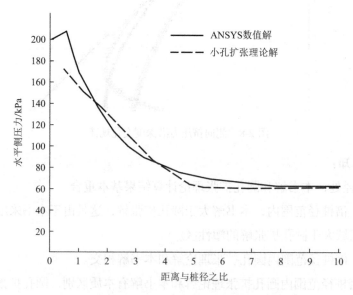

图 2-9　桩尖 $z = 6.0m$ 处侧向压力沿径向变化规律

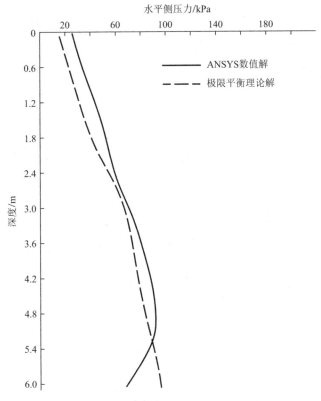

图 2-10　$r = 0.75\text{m}$ 处侧压力随深度变化

5）待定系数个数对计算结果的影响

上述求解过程中，系数待定的位移函数为两项，为验证待定系数个数对计算结果的影响，对相同问题，本小节中取四个待定系数项，见式(2-33)。

$$u_r = u_{r0} + A_1 u_{r1} + A_2 u_{r2}, \quad w = w_0 + B_1 w_1 + B_2 w_2 \tag{2-33}$$

式中：各位移函数项及系数的意义见式(2-7)。

由式(2-21)和 2.3.1 节第 6）条对积分上限的取值的分析，取 z_0 的积分上限 $z_u = 100d = 50\text{m}$，再根据 2.2.3 节第 6）条所述的拟牛顿法求解可得待定系数值：$\{A_1, B_1, A_2, B_2\} = \{-2.3, -5.7, 1.0, 0.18\}$；对应的最小能量值为：$E_{\min} = 153\text{kJ}$。所以可得位移解式(2-34)。

$$\begin{cases} u_r = u_0 \left(\dfrac{r_0}{z_0 - H + r_0} \sin \alpha \right) \left[1 - 2.3 \left(1 - \dfrac{H}{z_0} \right) + 1.0 \left(1 - \dfrac{H}{z_0} \right)^2 \right] \\ w = u_0 \left(\dfrac{r_0}{z_0 - H + r_0} \cos \alpha \right) \left[1 - 5.7 \left(1 - \dfrac{H}{z_0} \right) + 0.18 \left(1 - \dfrac{H}{z_0} \right)^2 \right] \end{cases} \tag{2-34}$$

为分析待定系数的个数对位移和应力计算结果的影响，并为实际应用时待定系数的取法提供原则，对下述三种情况进行计算和比较验证：

只包含位移初始项（即含有 0 个待定系数函数项），令式(2-27)中 $A_1 = 0$、$B_1 = 0$，计算可得位移解（图 2-11 a），并进而得到侧向应力沿径向变化（图 2-12 a）和侧向应力沿深度变化（图 2-13 a）。

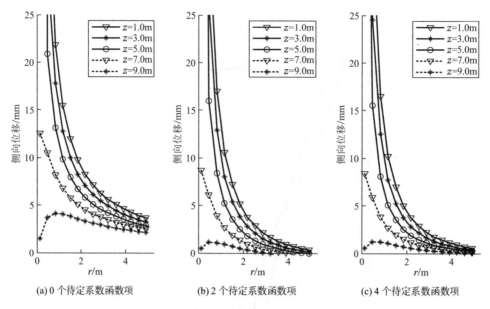

(a) 0 个待定系数函数项　　　(b) 2 个待定系数函数项　　　(c) 4 个待定系数函数项

图 2-11　待定系数个数对位移解答的影响

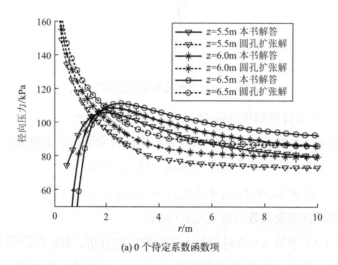

(a) 0 个待定系数函数项

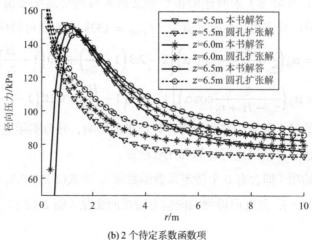

(b) 2 个待定系数函数项

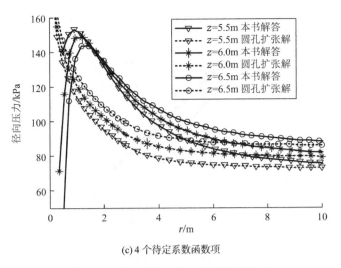

(c) 4 个待定系数函数项

图 2-12　待定系数个数对计算结果影响

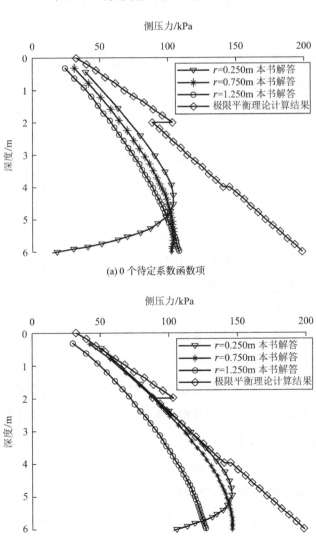

(a) 0 个待定系数函数项

(b) 2 个待定系数函数项

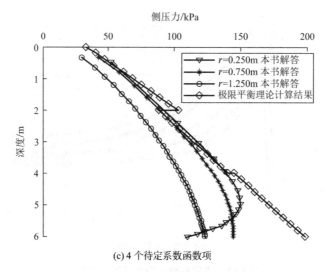

(c) 4 个待定系数函数项

图 2-13　待定系数个数对计算结果影响

含有 2 个待定系数时的位移和应力解,根据式(2-29)和式(2-30)计算可得位移解(图 2-11 b)、侧向应力沿径向变化（图 2-12 b ）和侧向应力沿深度变化（图 2-13 b ）。

含有 4 个待定系数时的位移和应力解,根据式(2-8)、式(2-30)、式(2-34)计算可得位移解（图 2-11 c ）、侧向应力沿径向变化（图 2-12 c ）和侧向应力沿深度变化（图 2-13 c ）。

根据图 2-11~图 2-13 可得下述结论:

由于不管取几个待定系数函数项,桩孔壁位移都等于位移初始项的孔壁位移,所以在桩壁上位移不受待定系数的影响。待定系数只对离孔壁较远处的位移或位移梯度进行较明显的调节。

从图 2-12 （ a ）和图 2-13 （ a ）可知,待定系数函数项等于零,即只有初始位移项时,与经典的圆孔扩张理论和极限平衡理论计算结果相比,侧向应力随径向坐标的变化和深度的变化都与实际的应力变化规律不符。

从图 2-12 （ b ）、（ c ）和图 2-13 （ b ）、（ c ）可知,取 2 个或 4 个待定系数函数项时,除桩尖附近区域满足桩孔扩张的特有变化规律外,桩身段与经典的圆孔扩张理论和极限平衡理论计算结果相比,都吻合得较好。

综上所述,相对于只含有两个待定系数的情况,继续增加待定系数对求解结果的影响或精度的提高并不明显。综合考虑公式推导的繁杂性和优化计算的工作量,对于桩孔扩张问题,位移函数取两个待定系数比较合理。

算例分析二将对上述结论做进一步的分析验证。

6）能量泛函积分上限和待定系数值确定

在能量泛函的最小值求解过程中,优化方法的每次迭代,都涉及泛函积分问题。通过引入的参数 z_0,并根据 2.2.3 节第 5 ）条的积分变换,能量积分方程可写为:

$$2\pi \int_0^\infty \left\{ \int_{r_c}^\infty A(\varepsilon_{ij}) r dr \right\} dz \Rightarrow$$

$$\lim_{z_u \to \infty} \int_H^{z_u} \left\{ \int_0^{\pi/2} \left[\int_0^{\Delta u} 2\pi (1 + \tan^2 \theta) D\Psi \frac{\partial \Psi}{\partial z_0} \Psi \tan \theta du_0 \right] d\theta \right\} dz_0$$

式中：$A(\varepsilon_{ij})$ 由式(2-16)确定；z_u 为 z_0 的积分上限，$r_c = \begin{cases} g(z) & (z < H) \\ 0 & (z \geqslant H) \end{cases}$，$r_c = g(z)$ 为孔壁边界曲线方程，其他各符号含义见式(2-21)。

上式由包含二维无穷域的广义积分问题变换为包含一维无穷域的积分问题，使收敛性问题和积分上限取值问题的分析相对简单。对于能量积分问题，被积函数始终非负，所以积分值将随 z_u 的增大而增大或保持不变。针对上述算例，当 z_u 取不同值时，待定系数和相对应的能量值计算结果如表 2-2 所示（针对取两个待定系数的情况）。表中 H 为桩长，d 为桩直径，"−"为减号。

根据表 2-2 可知，当 $z_u - H$ 达到 88 倍桩径时，继续提高积分上限值对待定系数影响不大，而能量值仍缓慢增大。而当 $z_u - H$ 达到 288d 时，能量值已趋于稳定，之后虽然积分区域大幅增大（z_u 增大 10 倍，则积分区域体积增大约 1000 倍），而积分能量值和待定系数都基本不变，所以可以认为此时待定系数的取值已经稳定，可以用于位移计算。后续的算例都采用该方法对收敛性和上限 z_u 的取值问题进行分析。2.3.2 节第 4）条将对该问题做进一步的分析。

积分收敛性和积分上限取值　　　　　　　　表 2-2

待定系数	$z_u - H$						
	28d	88d	288d	488d	988d	1988d	$\infty(\bar{z}_u = 0)$
A_1	−3.1166	−2.4866	−2.0000	−2.0000	−2.0000	−2.0000	−2.0000
B_1	−5.0000	−5.7772	−5.6066	−5.6084	−5.6070	−5.6067	−5.6055
E_{min}/kJ	144.7143	156.6285	165.7036	168.6645	170.6565	172.7244	178.0403

若对能量泛函的积分变量 z_0 进行变换[107]，令：$z_0 = 1/\bar{z}_0$，可得：

$$2\pi \int_0^\infty \left\{ \int_{r_c}^\infty A(\varepsilon_{ij}) r dr \right\} dz \Rightarrow$$

$$\lim_{\bar{z}_u \to 0} \int_{\frac{1}{H}}^{\bar{s}_1} \left\{ \int_0^{\pi/2} \left[\int_0^{\Delta u} 2\pi (1 + \tan^2 \theta) D\Psi \frac{\partial \Psi}{\partial z_0} \Psi \tan \theta du_0 \right]_{z_0 = 1/\bar{z}_0} d\theta \right\} \left(-\frac{1}{z_0^2} \right) d\bar{z}_0$$

用变量变换后的式子求解能量最小值和待定系数，积分区域较小，积分的效率和精度有所提高，并可以实现 $\bar{z}_u = 0$（即 $z_u \to \infty$）时的积分计算。用该式对表 2-2 的结果进行验证性计算及 $z_u \to \infty$ 时的积分计算。

2.3.2　算例分析二

1）基于变分原理的位移和应力场解答

根据初始孔壁曲线方程(2-23b)和终孔孔壁的实际形状和比例，建立扩孔模型图 2-14。如图 2-14 所示，孔壁位移$\Delta u = r_0$，位移方向为初始孔壁曲线的外法线方向。

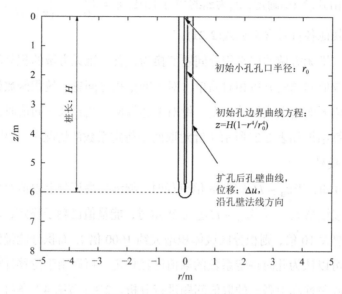

初始小孔孔口半径：r_0

初始孔边界曲线方程：
$z = H(1 - r^4/r_0^4)$

扩孔后孔壁曲线，
位移：Δu，
沿孔壁法线方向

图 2-14　桩孔扩张模型

取式(2-4)所示的曲线族方程为式(2-35)。

$$f(z, r, z_0) = \frac{z_0 r^4}{(z_0 - H + r_0)^4} - z_0 + z = 0 \tag{2-35}$$

式中：z_0为曲线族参数，当$z_0 = H$时，$z = H\left(1 - \dfrac{r^4}{r_0^{\,4}}\right)$，即式(2-33)收敛到孔壁边界曲线方程。

由式(2-35)和式(2-7a)可得曲线的外法线方向余弦式(2-36)。

$$\begin{cases} \cos\alpha = \dfrac{1}{\sqrt{\dfrac{16z_0^2 r^6}{(z_0 - H + r_0)^8} + 1}} \\[4mm] \sin\alpha = \dfrac{4z_0 r^3}{(z_0 - H + r_0)^4\sqrt{\dfrac{16z_0^2 r^6}{(z_0 - H + r_0)^8} + 1}} \end{cases} \tag{2-36}$$

根据图 2-4 和式(2-17)，将$z = \Psi(z_0, \theta)$，$r = \Psi(z_0, \theta)\tan\theta$代入式(2-35)求解，可得式(2-37)，式(2-37)比式(2-26)复杂很多，这是由于式(2-35)为r^4多项式，将$r = z\tan\theta$代入式(2-35)后得到的表达式为z^4多项式，由四次多项式求解得到的式(2-37)，显然比由二次多项式求解得到的式(2-26)复杂。

$$\Psi(z_0,\theta) = \frac{\sqrt[3]{9\sqrt{2}}(z_0 - H + r_0)}{12\sqrt[3]{z_0}\tan\theta}\left(\sqrt[3]{2}\sqrt{M_2} - \sqrt[12]{2} \times \right.$$

$$\left. \sqrt{\frac{-\sqrt{2}\sqrt{M_2}\sqrt[3]{M_1^2} + 8\sqrt[6]{2}\sqrt[3]{3}\sqrt[3]{z_0^4}\sqrt{M_2}\tan^2\theta - 12z_0\sqrt[3]{M_1} + 12\sqrt[3]{M_1}(H - r_0)}{\sqrt{M_2}\sqrt[3]{M_1}\tan\theta}}\right) \tag{2-37}$$

式中：

$$M_1 = \left[9(z_0^2 + H^2 + r_0^2 - 2Hz_0 + 2r_0z_0 - 2Hr_0) + \sqrt{3}\times\sqrt{M_3 + M_4 + M_5 + M_6}\right]\tan\theta$$

$$M_2 = \frac{-\sqrt[3]{M_1^2} + 4\sqrt[3]{12}\sqrt[3]{z_0^4}\tan^2\theta}{\sqrt[3]{M_1}\tan\theta}$$

$$M_3 = 256z_0^4\tan^4\theta - 108(z_0^3H + r_0H^3) + 162H^2r_0^2$$

$$M_4 = -108Hr_0^3 + 162z_0^2H^2 - 108z_0H^3$$

$$M_5 = -324(z_0^2Hr_0 - z_0H^2r_0 + z_0Hr_0^2) + 27(r_0^4 + z_0^4 + H^4)$$

$$M_6 = 108(z_0r_0^3 + z_0^3r_0) + 162z_0^2r_0^2$$

本算例中设定位移与式(2-27)相同。

由式(2-37)、式(2-27)、式(2-8)和式(2-15)可得到研究区域势能密度对孔壁位移的变化率函数：

$$D = D(\Psi, \Psi\tan\theta, z_0, u_0, A_1, B_1)$$

由上述势能变化率函数和式(2-21)、式(2-37)可得式(2-38)的表达式。

$$\Pi(A_1, B_1) = 2\pi\int_H^\infty\int_0^{\pi/2}\int_0^{\Delta u} D(1 + \tan^2\theta)\Psi\frac{\partial\Psi}{\partial z_0}\Psi\tan\theta\, \mathrm{d}u_0\,\mathrm{d}\theta\mathrm{d}z_0 \tag{2-38}$$

式中：$\Psi = \Psi(z_0, \theta)$由式(2-37)确定。

根据 2.3.2 节第 4）条对收敛性的分析，取$z_u = 300d = 150\mathrm{m}$，应用拟牛顿迭代法可得待定系数为：$\{A_1, B_1\} = \{-2.0, -1.8\}$，对应的最小能量值为$E_{\min} = 185\mathrm{kJ}$，从而得到位移场的表达式(2-39)。

$$\begin{cases} u_r = u_0\left(\dfrac{r_0}{z_0 - H + r_0}\sin\alpha\right)\left[1 - 2.0\left(1 - \dfrac{H}{z_0}\right)\right] \\[4mm] w = u_0\left(\dfrac{r_0}{z_0 - H + r_0}\cos\alpha\right)\left[1 - 1.8\left(1 - \dfrac{H}{z_0}\right)\right] \end{cases} \tag{2-39}$$

将式(2-39)代入式(2-8)通过简单微分运算可以得到问题的应变场ε_r、ε_θ、ε_z、γ_{zr}，最后由式(2-15)并考虑前期固结压力$\sigma_{30} = \gamma z$，可得到桩孔扩张的总应力式(2-40)。

$$
\begin{cases}
\sigma_r = \dfrac{E_{\sec}}{1+\nu_t}\left[\dfrac{\nu_t}{1-2\nu_t}(\varepsilon_r + \varepsilon_\theta + \varepsilon_z) + \varepsilon_r\right] + \dfrac{\nu_0}{1-\nu_0}\gamma z \\[3mm]
\sigma_\theta = \dfrac{E_{\sec}}{1+\nu_t}\left[\dfrac{\nu_t}{1-2\nu_t}(\varepsilon_r + \varepsilon_\theta + \varepsilon_z) + \varepsilon_\theta\right] + \dfrac{\nu_0}{1-\nu_0}\gamma z \\[3mm]
\sigma_z = \dfrac{E_{\sec}}{1+\nu_t}\left[\dfrac{\nu_t}{1-2\nu_t}(\varepsilon_r + \varepsilon_\theta + \varepsilon_z) + \varepsilon_z\right] + \gamma z,\ \tau_{zr} = \dfrac{E_{\sec}}{2(1+\nu_t)}\gamma_{zr}
\end{cases}
\tag{2-40}
$$

式中：ν_0为土扩孔前的泊松比；γ为土的重度。

式(2-40)和式(2-30)的推导过程相同，其中的计算参数取值也相同，但是初始孔壁和终孔孔壁曲线形状均不同，能量积分式差异也较大，所以最后的计算结果也不相同。

2）算例二的解、圆孔扩张法和极限平衡理论结果比较分析

根据式(2-40)、式(2-31a)、式(2-31b)和式(2-32)以及表 2-1 所示的土性参数计算可得：桩尖及桩尖附近侧向挤压力沿径向变化规律（图 2-15），侧向挤压力沿深度变化规律（图 2-16），应力等值线图（图 2-17～图 2-20）。

图 2-15、图 2-16 的应力分布规律与图 2-7、图 2-8 完全相同。但桩尖平面附近的侧向应力最大值略有不同：

桩尖附近侧向应力随桩径比变化而变化，最大值都在一倍桩径左右，图 2-7 的最大值大约为 150kPa，图 2-15 的大约为 160kPa。

侧向应力随深度改变而变化，最大值都在大约 5m 深度处，图 2-8 的最大值大约为 150kPa，图 2-16 的大约为 160kPa。

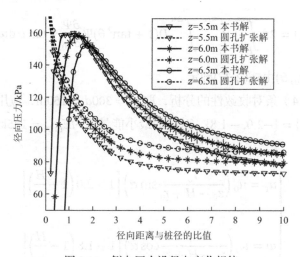

图 2-15　侧向压力沿径向变化规律

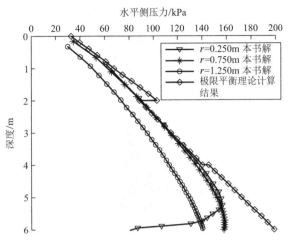

图 2-16　侧向压力沿深度变化规律

与算例分析一的计算结果相同，本算例解答在地面处侧向应力为零，这是由于本书选用 Duncan-Chang 模型，其初始弹性模量与场地土的前期固结压力成正比，对于正常固结土，在地面处前期固结压力为 0，所以弹性模量为 0。地面处竖向正应力和剪应力为 0，表明计算结果满足地面为自由面的条件。

图 2-17～图 2-20 反映了沉桩后土体中的总应力状态。由图可知，4 种应力分量应力等值线在桩端附近最为复杂，最大值也位于桩端附近。桩端土体由于受到沉桩挤压作用，向两侧和向上移动有移动的趋势，该移动或移动趋势受到上覆土层和周围土体的约束，使桩端周围土体承受很大的挤压力，并在桩端附近出现封闭的应力等值线。

由图 2-17、图 2-19 可知，竖向压应力和侧向挤压力在桩孔壁处较大，但最大值在 $r \geqslant 0.25$m 的某点处，并不在孔壁处，即在该点处等值线向上凸起，这种凸起随深度减小而减小，地面处较不明显，这可能是由于桩尖下土体向两侧向上拱起挤压造成的，这种应力分布也可能是造成地面隆起的原因之一。

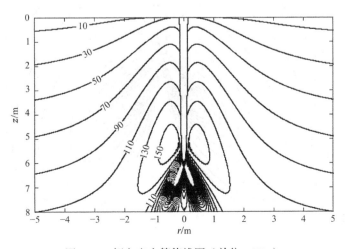

图 2-17　侧向应力等值线图（单位：kPa）

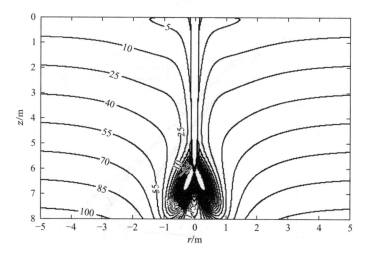

图 2-18　环向应力等值线图（单位：kPa）

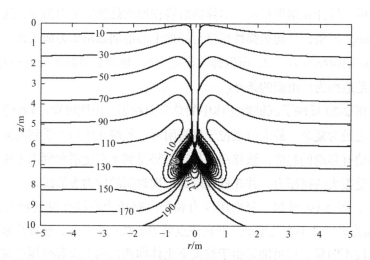

图 2-19　竖向应力等值线图（单位：kPa）

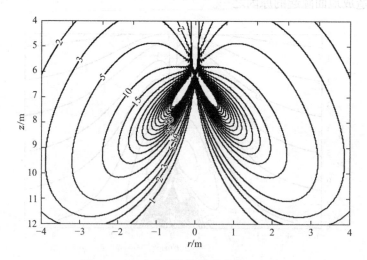

图 2-20　切应力等值线图（单位：kPa）

由式(2-39)计算可得地面处的竖直向位移分布图 2-21。由图可知，在距离孔壁边界约 12 倍桩径以外出现负的竖向位移，即地面发生隆起。但数值较小，表现的只是一种趋势，虽然可能符合力学原理，但不足以用来预测沉桩过程中的地面隆起。可能是因为影响地面隆起的因素较多，地面处土体受力和破裂状况较为复杂，连续介质力学的求解结果无法完全体现，本书结果为近似解，也可能影响地面竖直向位移计算结果的准确性。第 2.6 节将对地面隆起误差问题做进一步的分析。

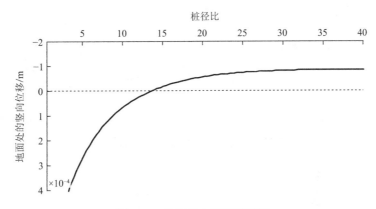

图 2-21　地面竖向位移示意图

3）待定系数个数对解答的影响

上述求解过程中，系数待定的位移函数有两项，为确定项数取法的合理性，对相同问题，本小节中取四个待定系数项，见式(2-41)。

$$u_r = u_{r0} + A_1 u_{r1} + A_2 u_{r2}, \quad w = w_0 + B_1 w_1 + B_2 w_2 \tag{2-41}$$

式中：各位移函数项及系数的意义见式(2-7)。

取 z_0 的积分上限：$z_u = 200d = 100\text{m}$，根据 2.2.3 节第 6）条所述的最小值的求解方法求解可得：待定系数值：$\{A_1, B_1, A_2, B_2\} = \{-2.2147, -1.8896, 1.0000, 0.1482\}$，相应的能量值为：$E_{\min} = 177.0575\text{kJ}$。

$$
\begin{cases}
u_r = u_0 \left(\dfrac{r_0}{z_0 - H + r_0} \sin\alpha \right) \left[1 - 2.2 \left(1 - \dfrac{H}{z_0} \right) + 1.0 \left(1 - \dfrac{H}{z_0} \right)^2 \right] \\[3mm]
w = u_0 \left(\dfrac{r_0}{z_0 - H + r_0} \cos\alpha \right) \left[1 - 1.9 \left(1 - \dfrac{H}{z_0} \right) + 0.15 \left(1 - \dfrac{H}{z_0} \right)^2 \right]
\end{cases} \tag{2-42}
$$

第 2.3.1 节第 5）条对系数待定函数的个数和计算结果进行了分析，并得到了一些结论。本节对算例分析二进行类似的分析，以对 2.3.1 节第 5）条的结论做进一步验证。对下述三种情况进行计算和比较验证：

设定位移中只包含位移初始项，令式(2-27)中 $A_1 = 0$、$B_1 = 0$ 计算可得位移解（图 2-22 a），并进而得到侧向应力沿径向变化（图 2-23 a）和侧向应力沿深度变化（图 2-24 a）。

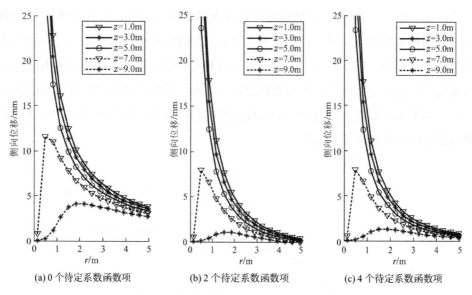

(a) 0 个待定系数函数项 　 (b) 2 个待定系数函数项 　 (c) 4 个待定系数函数项

图 2-22 　 待定系数个数对位移解答的影响

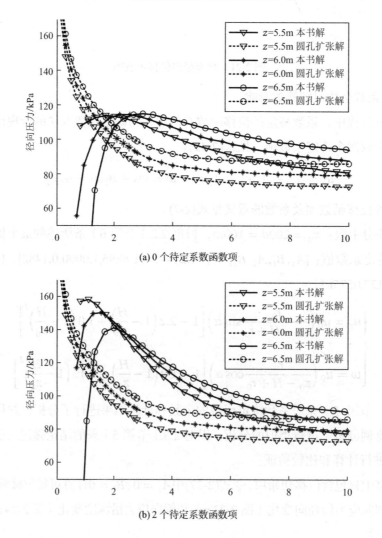

(a) 0 个待定系数函数项

(b) 2 个待定系数函数项

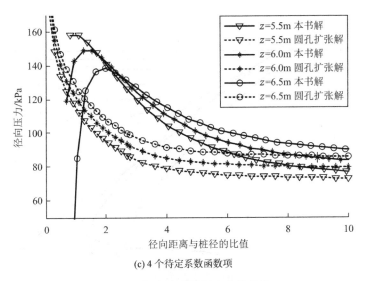

(c) 4 个待定系数函数项

图 2-23　侧向压力沿径向变化规律

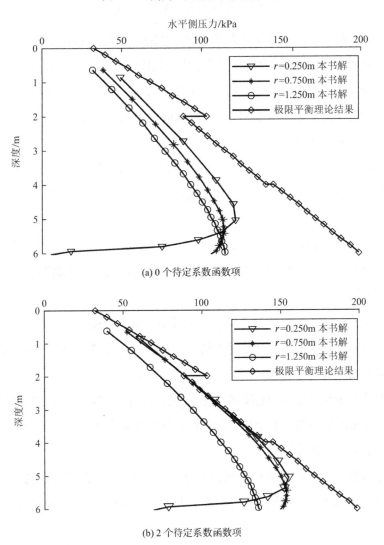

(a) 0 个待定系数函数项

(b) 2 个待定系数函数项

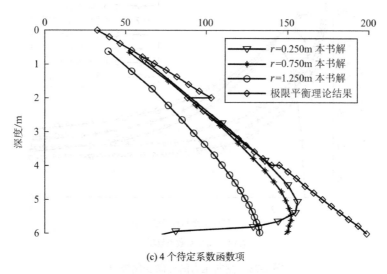

(c) 4 个待定系数函数项

图 2-24　侧向压力沿深度变化规律

含有 2 个待定系数时的位移和应力解，根据式(2-39)和式(2-40)计算可得位移解（图 2-22 b）、侧向应力沿径向变化（图 2-23 b）和侧向应力沿深度变化（图 2-24 b）。

含有 4 个待定系数时的位移和应力解，根据式(2-41)计算可得位移解（图 2-22 c），进而可得侧向应力沿径向变化（图 2-23 c）和侧向应力沿深度变化（图 2-24 c）。

根据图 2-22~图 2-24 可得下述结论：

由于不管取几个系数待定的函数项，桩孔壁位移都等于位移初始项的孔壁位移，即随着与桩壁距离的减小，位移值都趋于相同。待定系数只对离孔壁较远处的位移或位移梯度进行较明显的调节。

由图 2-23（a）和图 2-24（a）可知，待定系数函数项等于零时，与经典的圆孔扩张理论和极限平衡理论计算结果相比，侧向应力随径向坐标的变化和随深度的变化都与实际的应力变化规律不符。

由图 2-23（b）、（c）和图 2-24（b）、（c）可知，取 2 个或 4 个待定系数函数项时，除桩尖附近区域满足桩孔扩张的特有变化规律外，桩身段与经典的圆孔扩张理论和极限平衡理论计算结果相比，都吻合得较好。

由式(2-8)、式(2-40)和式(2-41)计算可得图 2-25。比较图 2-17～图 2-20 和图 2-25 可知，系数待定的位移项增加一倍，4 个应力分量的计算结果都基本不变，进一步说明待定系数取 2 个的计算结果已达到较高精度。

上述待定系数对求解结果的影响规律和 2.3.1 节第 5）条分析得到的规律基本相同，综合考虑算例一和算例二的计算分析结果，后续的实例计算中位移待定系数项都只取 2 项。

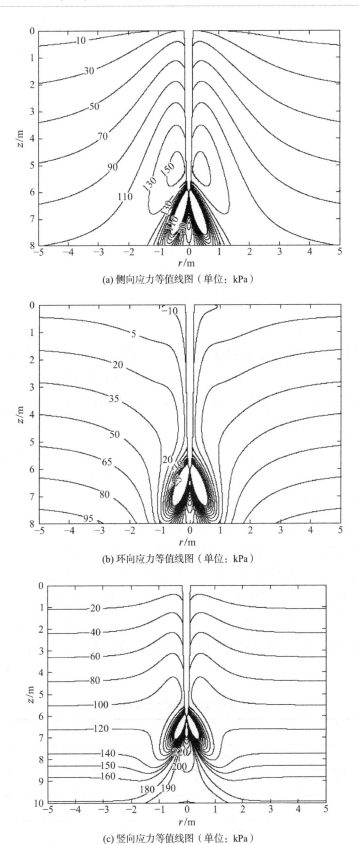

(a) 侧向应力等值线图（单位：kPa）

(b) 环向应力等值线图（单位：kPa）

(c) 竖向应力等值线图（单位：kPa）

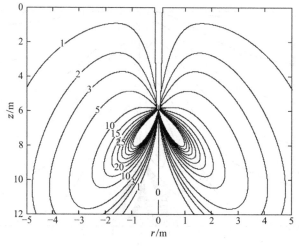

(d) 切应力等值线图（单位：kPa）

图 2-25　应力等值线

4）能量泛函积分上限确定

第 2.3.1 节第 6）条简述了 z_0 的积分上限 z_u 的取值原则，并对能量泛函积分和待定系数的稳定性做了初步的讨论。本节将针对算例分析二对 2.3.1 节第 6）条得到的结论做进一步的分析验证。对只有两个待定系数的问题，取不同的 z_u 值，利用能量泛函式(2-38)进行计算，计算所得结果列于表 2-3。

根据表 2-3 可知，当 $z_u - H$ 达到 88 倍桩径时，继续提高积分上限值对待定系数影响不大，而能量值仍缓慢增加。而当 $z_u - H$ 达到 $288d$ 时，能量值和待定系数值都已趋于定值，能量和待定系数的变化规律和 2.3.1 节第 6）条相同。

引起研究区域积分能量变化的因素有两个，待定系数的变化和积分域大小的变化。当待定系数值稳定或变化很小，即能量分布趋于稳定时（如表 2-3 中 $z_u - H$ 大于 $88d$ 时），随积分区域的急剧扩大（z_u 为原来 10 倍时，积分体积区域约为原来的 1000 倍），最小能量值小幅增大，能量值增大完全由积分区域的增大引起。如果积分区域大幅增大，而能量却不变或基本不变，可以认为积分值和待定系数值已经稳定，如表 2-3 所示。（$z_u - H = 488d$ 时，积分值反而比 $z_u - H = 288d$ 稍有减小，由于势能密度为非负，这是因为 B_1 值稍有变化引起的。）

积分收敛性和积分上限取值　　　　　　　　　　　　　　　表 2-3

待定系数	$z_u - H$					
	$28d$	$88d$	$288d$	$488d$	$988d$	$1988d$
A_1	−3.1094	−2.5784	−2.0000	−2.0000	−2.0000	−2.0000
B_1	−2.1512	−1.9634	−1.8076	−1.8299	−1.8187	−1.8119
E_{min}/kJ	170.4728	177.2564	185.2810	183.5601	184.3796	184.9038

由于待定系数值的收敛速度快于能量值的收敛速度，所以在实际计算时，积分上限值 z_u 不必取得很大，以减少问题求解的工作量。后续算例计算中 $z_u - H$ 一般在 $50d \sim 200d$ 之间根据实际情况和经验进行取值。

2.4 模型试验验证

2.4.1 模型试验介绍

根据文献[112]，模型试验装置如图 2-26 所示。半模试验的双层对准直接观测法因原理简单、对设备的要求不高、易操作，故试验的土体位移观测采用该方法。直接利用读数显微镜测量位移观测点的移动情况。半模桩紧靠一可视窗内壁贯入，通过观察窗观测土体中位移观测标志的位移，得到土体的位移场。

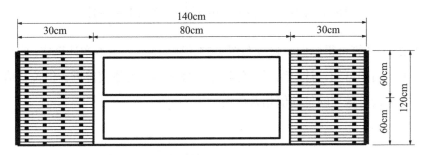

图 2-26 模型试验装置

已知模型桩入土深度为 0.9m，桩径 4.5cm。根据文献[113-114]，模型试验槽中所用淤泥土取自上海市东银大厦的基坑，埋深约 13m。压重、排水固结变形基本稳定。土样的物理力学指标如表 2-4 所示。

土样的物理力学指标 表 2-4

重度γ/（kN/m³）	弹性模量E/kPa	泊松比ν	黏聚力c/kPa	内摩擦角φ/°
17.2	2000	0.3	10	9.8

2.4.2 桩周土体位移计算验证

为进一步验证上述基于变分原理的桩孔扩张法，根据模型试验中的实测土体侧向位移和地面隆起的数据，对位移计算结果进行验证。用 E-ν 模型，计算参数主要取自表 2-4。由于淤泥经压重、排水固结变形基本稳定，所以根据文献[104]本构模型参数取值如下：

破坏比 $R_f = 0.9$。

初始弹性模量可近似取：

$$E_i = K p_a \left[\frac{\sigma_3}{p_a} \right]^n$$

式中：$K = 100$，$n = 0.5$。

由于淤泥土取自基坑，埋深约 13m，经压重和排水固结变形基本稳定后使用，可以认为其性质已恢复到原始状态，所以取 $\sigma_3 = 13(\gamma - 9.8)$。

根据 2.3 节对初始小孔取值的分析，取 $r_0 = 0.045/\sqrt{3} \approx 0.026m$，$\Delta u = 2r_0 - r_0 = 0.026m$。采用与算例分析二相同的计算过程以及 2.3.2 节第 4）条对积分上限的取值分析，取 z_0 的积分上限 $z_u = 200d = 9m$，计算可得位移函数中待定系数为 $\{A_1, B_1\} = \{-0.2799, -2.5179\}$；相应的最小能量值为：$E_{\min} = 0.1252kJ$。

综上，位移场的理论解答为式(2-43)。

$$\begin{cases} u_r = u_0 \left(\dfrac{r_0}{z_0 - H + r_0} \sin\alpha \right) \left[1 - 0.28 \left(1 - \dfrac{H}{z_0} \right) \right] \\[4mm] w = u_0 \left(\dfrac{r_0}{z_0 - H + r_0} \cos\alpha \right) \left[1 - 2.5 \left(1 - \dfrac{H}{z_0} \right) \right] \end{cases} \tag{2-43}$$

根据式(2-43)计算可得侧向位移分布图 2-27，图中虚线表示本章计算值，实线表示模型试验的实测值。由图可知，计算结果的位移分布规律和实测值较接近，但位移值大小相差较大，特别在靠近桩壁处的位移值相差更大。

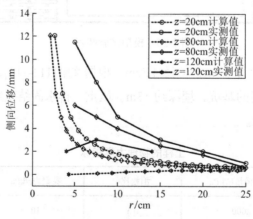

图 2-27 侧向位移分布规律

误差产生的原因有以下三个方面：

（1）桩孔扩张模型所模拟的桩孔扩张过程和实际沉桩过程存在差异（具体分析见 2.6 节）。

（2）初始小孔对靠近桩壁处桩周土体的侧向位移的影响，使紧靠桩壁处位移值偏小。

（3）模型试验在有限区域内进行，与本章变分解答的半无限区域的边界条件不同。

根据式(2-43)计算可得地面隆起分布规律（图 2-28），由图可知，计算结果无法反映地面隆起这一现象，其误差原因在 2.6 节中分析。

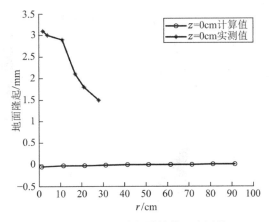

图 2-28　地面隆起计算值和实测值

2.4.3　应力计算结果验证

文献[114]根据上述试验模型，针对轴对称问题取半截面进行数值计算。计算过程中，假定所研究的土为饱和软土；桩的入土过程是一个侧向挤土的过程；土体为弹塑性材料，单元采用八节点等参单元。计算结果如图 2-29 所示。

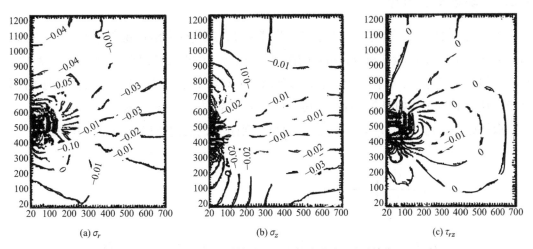

(a) σ_r 　　　　　　　　(b) σ_z 　　　　　　　　(c) τ_{rz}

图 2-29　试验模型有限元计算结果（以拉应力为正）（单位：MPa）

根据上述模型计算参数和式(2-43)的位移函数，按算例分析二的计算步骤计算可得模型试验的计算结果，如图 2-30 所示。为便于比较计算结果，计算中采用和已知数值计算结果相同的长度和力的单位表示，计算结果图的范围都为 1200mm × 700mm。由于本书推导过程中，坐标轴 z 规定向下为正，所以 z 轴的坐标标注和数值计算结果方向不同。

比较图 2-29 与图 2-30 可知，相同区域内各应力分量的大小较接近，但分布规律有较大差异。总体上，本书计算结果和数值计算结果在桩尖附近应力梯度都较大，且分布非常复杂。

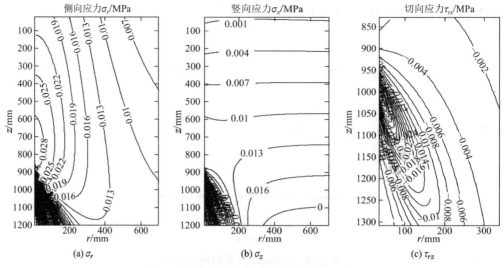

图 2-30　本书试验模型计算结果（MPa）

2.5　现场试验验证

2.5.1　现场试验简介

根据文献[115]，试验场地位于高速铁路某路段，试验桩为预制混凝土桩，桩长 34m，桩径 80cm。第一根试验桩和竖直布置的测斜管空间分布如图 2-31 所示，测斜管长度 40m。试验场地的土层为砂土和黏性土互层，参数取砂层和黏土层土的临界值，根据场地条件和文献[104]，计算参数如表 2-5 所示，其中 c、φ 为固结不排水强度指标。

取初始小孔孔口半径 $r_0 = 0.4/\sqrt{3} = 0.23$m，则孔壁的法向位移 $\Delta u = r_0 = 0.23$m。

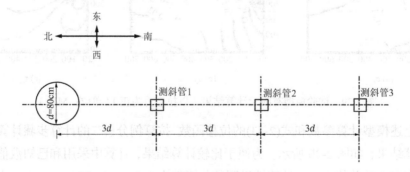

图 2-31　现场试验桩和测斜管平面布置

计算参数　　　　　　　　　　　　　　　　　　　　　　　　　　表 2-5

黏聚力 c/kPa	摩擦角 φ/°	泊松比 ν	土体重度 γ/kPa	破坏比 R_f	实验常数 K	实验常数 n
3	20	0.3	18	0.9	300	0.5

2.5.2　挤土位移场计算和现场测试数据比较验证

根据上述计算参数和算例分析二的计算过程可得待定系数和对应的能量值如表 2-6 所示，进而可得位移场见式(2-44)～式(2-47)。

待定系数和能量值　　　　　　　　　　　表 2-6

贯入深度 待定系数	$H=9\text{m}$ $z_\text{u}=H+50\text{m}$	$H=17\text{m}$ $z_\text{u}=H+50\text{m}$	$H=25\text{m}$ $z_\text{u}=H+50\text{m}$	$H=34\text{m}$ $z_\text{u}=H+50\text{m}$
A_1	-1.00	-1.00	-1.00	-1.00
B_1	-5.0015	-1.6865	-1.0745	-1.0634
$E_\text{min}/\ (\times10^3\text{kJ})$	0.6421	2.7809	5.4134	7.7679

贯入深度 $H=9\text{m}$ 时位移：

$$\begin{cases} u_r = u_0\left(\dfrac{r_0}{z_0-H+r_0}\sin\alpha\right)\left[1-1.0\left(1-\dfrac{H}{z_0}\right)\right] \\[4mm] w = u_0\left(\dfrac{r_0}{z_0-H+r_0}\cos\alpha\right)\left[1-5.0\left(1-\dfrac{H}{z_0}\right)\right] \end{cases} \tag{2-44}$$

贯入深度 $H=17\text{m}$ 时位移：

$$\begin{cases} u_r = u_0\left(\dfrac{r_0}{z_0-H+r_0}\sin\alpha\right)\left[1-1.0\left(1-\dfrac{H}{z_0}\right)\right] \\[4mm] w = u_0\left(\dfrac{r_0}{z_0-H+r_0}\cos\alpha\right)\left[1-1.7\left(1-\dfrac{H}{z_0}\right)\right] \end{cases} \tag{2-45}$$

贯入深度 $H=25\text{m}$ 时位移：

$$\begin{cases} u_r = u_0\left(\dfrac{r_0}{z_0-H+r_0}\sin\alpha\right)\left[1-1.0\left(1-\dfrac{H}{z_0}\right)\right] \\[4mm] w = u_0\left(\dfrac{r_0}{z_0-H+r_0}\cos\alpha\right)\left[1-1.1\left(1-\dfrac{H}{z_0}\right)\right] \end{cases} \tag{2-46}$$

贯入深度 $H=34\text{m}$ 时位移：

$$\begin{cases} u_r = u_0\left(\dfrac{r_0}{z_0-H+r_0}\sin\alpha\right)\left[1-1.0\left(1-\dfrac{H}{z_0}\right)\right] \\[4mm] w = u_0\left(\dfrac{r_0}{z_0-H+r_0}\cos\alpha\right)\left[1-1.1\left(1-\dfrac{H}{z_0}\right)\right] \end{cases} \tag{2-47}$$

根据文献[115]的现场实测桩周土体侧向位移数据和式(2-44)～式(2-47)计算得到的结果，可得 $r=3d$、不同贯入深度的侧向位移变化规律（图 2-32）和终孔时与桩不同距离处侧向位移变化规律（图 2-33）。图中虚线表示本章计算值，实线表示现场试验的实测值。

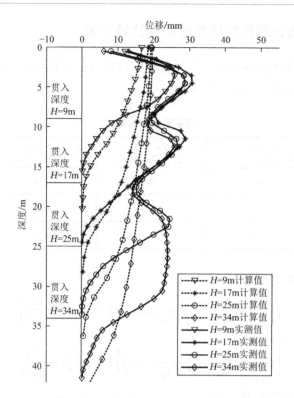

图 2-32　不同贯入深度时侧向位移图

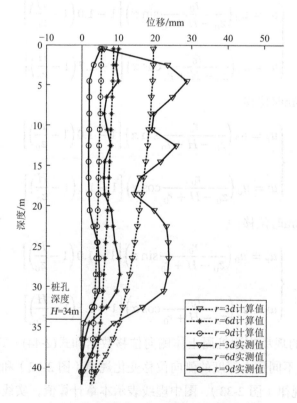

图 2-33　终孔时离桩不同距离处侧向位移

分析图 2-32 和图 2-33 可知，桩身周围侧向位移的计算结果和实测结果变化趋势相似，但计算的位移值偏小，特别是紧靠桩壁附近偏小更多，这是由扩孔计算中初始小孔对计算结果的影响造成的。本书计算的桩尖以下区域侧向位移数值和影响深度与实测值基本相同，这是由于桩尖附近初始小孔的半径很小，竖向位移和侧向位移同时发生，侧向位移量相对于桩身周围较小。

实测数据还体现了不同深度的土层性质的变化，所以虽然侧向位移随深度的变化总体上是递减的，但存在局部的波动，而本书计算假设土体为均匀连续介质，计算所得结果随深度单调变化，没有波动。地面向下约 1～3m 深度范围内计算结果和实测结果的变化规律相对其他地方相差较大，这是由于地面处土体的变形破坏较复杂，与本书的连续介质假设不符合造成的，但相对于桩的长度来说，其影响范围较小，且该区域应力也较小，不会对研究区域的能量分布或计算结果造成很大的影响（具体分析见 2.6 节）。

对于不同的贯入深度或不同的桩长，由图 2-32 可得下述结论：

贯入过程中，侧向位移的径向影响范围或规律变化不大，所以本书结果应用于工程中侧向位移影响范围的估算是较合理的。

竖直方向的最大影响深度实测值为桩尖以下 $(7.5\sim8.5)d$，本书计算结果约 $(7.5\sim9)d$，且实测值和计算值的变化规律基本相同，所以本书结果可应用于工程中沉桩影响深度的估算，为工程设计提供依据。

根据式(2-44)～式(2-47)计算得到的结果，可得桩周土体侧向位移随坐标 (r,z) 变化（图 2-34～图 2-37），并得到下述结论：

对于不同贯入深度或桩长情况下，沿深度方向从桩尖到桩尖以下约 7～9 倍桩径，沿径向 $r<6$m（7.5 倍桩径）的圆柱体区域内，侧向位移先递增后递减，空间轴对称问题的对称轴上的侧向位移为 0。

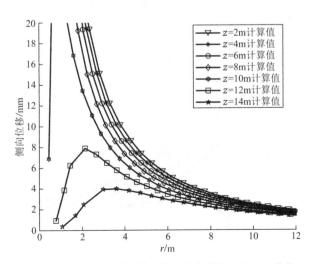

图 2-34　$H=9$m 时桩周土体侧向位移随坐标 (r,z) 变化

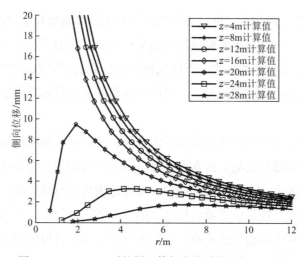

图 2-35 $H = 17\text{m}$ 时桩周土体侧向位移随坐标(r,z)变化

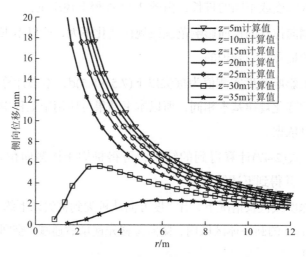

图 2-36 $H = 25\text{m}$ 时桩周土体侧向位移随坐标(r,z)变化

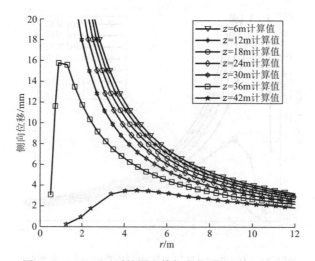

图 2-37 $H = 34\text{m}$ 时桩周土体侧向位移随坐标(r,z)变化

第 1 条所述区域的位置随桩长的增大而向下移动，区域的大小和区域内位移的变化规律基本不变（以桩径的倍数表示时）。

其他区域的侧向位移值基本上随径向坐标的增大单调减小，该区域的体积大小随桩长的增大而增大。

2.6　变分解计算结果误差分析

分析地面隆起（图 2-28）和侧向位移（图 2-32、图 2-33）可知，桩孔扩张法所得到的地面隆起和地面附近（约从地面到 5 倍桩径的深度处，即图 2-38 中所示的临界深度）的侧向位移有较大不同，而其他区域相对较好。造成这种差异的根本原因是桩孔扩张的力学模型和实际沉桩过程的扩孔机理不同，这种不同对地面附近区域的桩侧位移和地面隆起影响特别显著，如图 2-38 所示。

综合前人的压桩试验观测数据和现场桩基施工经验可得图 2-38（a）所示的实际的沉桩过程。在沉桩开始阶段，桩尖对地面做竖向挤压，桩尖处地面向下凹陷，并对桩尖周围的地面形成往桩方向的拖曳，使地面处土体拉伸破裂和径向扩张位移值减小，即图 2-32 中实测的地面附近的侧向位移。同时，由于地面处上覆土层压力小，使拖曳到桩壁附近的土体和该位置的原有土体一起在临界深度范围内产生侧向偏离桩轴线和竖向向上的位移，即在地面附近产生较大的隆起并在临界深度附近产生较大的侧向位移。

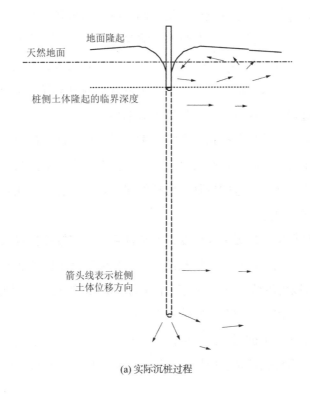

(a) 实际沉桩过程

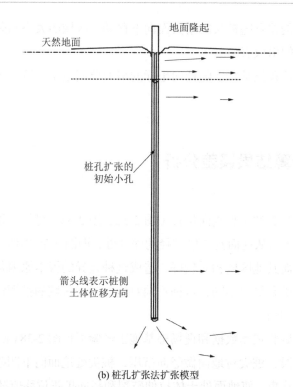

(b) 桩孔扩张法扩张模型

图 2-38　桩孔扩张法变分解答的误差分析

图 2-38（b）表示桩孔扩张法模拟的沉桩过程，该模型首先假设一初始小孔，以该小孔为基础桩身径向扩张，桩尖向下挤压扩张以得到实际尺寸的桩孔。显然，扩张过程不会对地面土体产生拖曳，而是随扩张的进行，使桩侧土体受到侧向挤压。地面处由于缺少土体的覆重，产生局部的挤压鼓起，但隆起量和影响深度要比实际沉桩小得多。

由图 2-38 可知，在临界深度以下区域，由于上覆土重较大，拖曳、隆起和鼓起的作用受到限制，整体表现为桩身段侧向扩张，桩尖附近既有侧向又有竖向的位移，该区域桩孔扩张法模拟的沉桩过程和实际沉桩过程的挤土效果相近。

由上述分析可知，虽然桩孔扩张模型综合考虑了桩身段柱孔扩张和桩尖段的球孔扩张特性，引起桩孔扩张的变分解和试验实测结果的主要误差仍是由扩张模型引起的，即扩张模型对实际沉桩过程的地面附近的位移场模拟的误差较大，有必要在后续研究中，对扩张模型做进一步的探索和改进。

同时，为避免计算中出现无穷大应变，本章计算都假定桩孔扩张从一假想的初始小孔开始扩张。由于初始小孔取得较小，扩孔结束时，桩壁附近土体的法向应力可以或已经达到极限应力状态，所以可以认为终孔时孔壁上应力和 $0 \sim R_0$ 扩孔结束时的孔壁应力相同，可认为初始小孔对桩周土体的应力分布影响不大[46]。

很明显，初始小孔对于桩周土体的侧向位移有一定影响，特别是紧靠桩壁处的侧向位移值将偏小较多，即用桩孔扩张法模拟沉桩过程得到的应力解比位移解更符合实测值。

2.7　本章小结

首先，通过对静压沉桩桩孔扩张过程的分析，以实际终孔后的桩孔形状和位移边界条件为依据，建立了半无限土体中有限长桩的桩孔扩张模型。其次，将整个研究区域用带参数的曲线族覆盖，并根据曲线形状和位置设定研究区域的位移试探函数。最后，假设土体应力应变服从 Duncan-Chang 模型，以适合非线性材料的变分原理为理论依据，得到研究区域的能量积分方程，并通过积分变换和样条插值等方法求得设定位移项中的系数，最终得到问题的位移、应变和应力场。

比较本书解和圆孔扩张理论以及极限平衡理论计算结果可知，从桩尖向上 2～3 倍桩径处到地面范围内，桩周土体中的侧向压应力与圆孔扩张和极限平衡理论计算结果相近，但在桩端附近本书的计算结果应该更符合实际情况。

利用已有的模型试验的物理力学参数，使用本书的推导结果对该模型进行计算，通过所得计算结果和实测位移数据的比较分析，对本书的推导结果进行进一步的验证分析。同时，对已有的该模型试验的应力的数值计算结果和本章的应力计算结果进行对比分析。通过对位移和应力的完整计算，并和其他结果的对比和分析，说明本书结果是比较合理的。

同时，本书结果具有以下优缺点。

优点：

以变分原理为依据建立研究区域的能量积分泛函，可以保证解答收敛于精确解，理论依据严密。

以桩孔壁位移量为位移边界值，桩尖和桩侧同时扩张，较符合桩孔扩张的实际过程。

建模和设定位移过程中，可以对不同的桩孔形状做不同处理，应用范围较广。

考虑非线性本构关系，不使用叠加原理，较符合土体材料的属性。

缺点：

扩张模型对实际沉桩过程的地面附近的位移场模拟的误差较大。

Duncan-Chang 模型没有考虑岩土剪胀性和应力路径问题。

现阶段对沉桩挤土作用的理论研究并不完善，对于桩周土体位移和应力场的研究，通常由于引入太多假设，得到的解答太理想化，不适合于工程应用。所以，本章结果具有下述工程意义：

对于起隔离或防护作用的构筑物的设计来说，较精确的沉桩挤土应力值是必不可少的，而目前常用的极限平衡理论或圆孔扩张法计算所得挤土应力偏大，桩尖附近偏大更多。应用本章结果进行计算，可以得到沉桩挤土造成的沿深度或沿径向的较符合实际的应力分布，从而较有效地提高工程设计的技术和经济合理性。

对于不同工程项目，工程场地条件、工作荷载或工作环境通常是不一样的，工程设计的重点和对周围环境的影响差异通常也很大，需要有一个统一的理论公式。本章解虽然是近似的，但可以针对不同的工程状况，通过对土性参数、本构模型参数和工程几何参数的设定，得到针对特定问题的解，可作为统一的理论公式以指导工程的设计和施工。

通过改变桩孔扩张法的初始小孔尺寸，本章解可应用于闭口管桩、开口管桩和预钻孔沉桩等静压桩的挤土位移和应力场计算，对于预钻孔静压桩，可根据预钻孔的孔径和深度确定初始小孔直径，计算更合理，相对其他情况计算精度也更高。

通常在工程实际中，静压桩桩体的形状是多种多样的，通过改变桩孔扩张法的初始小孔曲线方次或小孔形状，可以一定程度上实现对不同桩形的静压桩沉桩挤土效应的模拟，本章算例分析一和算例分析二的比较体现了这一特点。

通过本书计算结果和现场测试数据的比较分析可得，计算和实测的侧向位移的径向影响范围或规律相近，所以本书结果可应用于工程中侧向位移影响范围的近似的估计计算。竖直方向的最大影响深度实测值和计算值相差不多，且桩尖附近的变化规律基本相同，所以计算结果还可应用于工程中沉桩影响深度的估算、确定桩尖到软弱下卧层顶面的设计安全距离等，为工程设计提供依据。

第 3 章

饱和土中静压桩基础桩间土体固结解研究

3.1 概　述

　　20 世纪 20 年代人们就发现了桩基础成桩后其承载力随时间而变化的现象。在国内，胡中雄[116]、唐世栋[117]和童建国[118]等对饱和黏性中的桩基进行了观测、试验和分析，认为桩的竖向极限承载力随时间的增长而增长，总的变化规律是初期增长速度快，随后逐渐变慢，并趋于某一极限值。

　　由《桩基工程手册》可知[3]，1959 年，天津新港某 450mm × 450mm 钢筋混凝土预制桩，入土深 10m，沉桩后 210d 承载力比 14d 增长 42%、240d 承载力比 42d 增长 37%，1960 年，上海张华滨某 500mm × 500mm 钢筋混凝土预制桩，入土深 21m，沉桩后 210d 承载力比 14d 增长 93%。根据不同土质、不同桩型、不同尺寸的桩承载力时效的试验观测结果、其最终单桩极限承载力比初始值增长约 40%～400%。达到稳定值所需时间从几十天到几百天不等，而实际工程由开始打桩到投入使用约需 1～3 年。因此，桩基设计时考虑承载力的时效，对节约工程造价具有很大的实际意义。影响桩的承载力时效主要有以下三个方面：

　　土的触变时效，沉桩过程中，桩周结构性黏土经沉桩挤压扰动强度降低，成桩后，强度又随时间逐步恢复。

　　土的固结时效，沉桩过程中和成桩后，沉桩引起的超静孔隙水压力随时间而消散，有效应力、土的密实度和强度都增大，从而使桩的承载力提高。

　　成桩一定时间后，在桩周形成一与基桩紧密联结在一起的硬壳土层，相当于扩大了桩的有效直径，从而提高桩的承载力。

从承载力的长期时效来说，对于黏土或软土等渗透系数或固结系数较小的土，桩周土体固结是最主要的影响因素，所以有必要深入研究桩周土体的固结规律。姚笑青分析了桩间土中超孔隙水压力的分布及大小[119]，建立了桩间土再固结模型，用三维固结理论编制了计算程序，并将计算的桩间土固结度增长与实测桩承载力的增长进行了对比，两者的增长率吻合较好，表明可由桩间土固结度的增长来预估桩承载力的增长。唐世栋等[77]通过对桩基施工过程中实测资料的分析，探讨了沉桩时单桩周围土中产生的超孔隙水压力的大小、分布及影响范围。宰金珉等[78]引入时间、深度参数，分析饱和软土中静压桩单桩引起的超静孔隙水压力，给出了超静孔隙水压力及其消散的规律，进而获得了考虑时间效应的单桩承载力的解析解，实现了对其任意时刻单桩承载力的预测。唐世栋[120]把桩侧土的固结简化为轴对称平面应变问题，考虑到沉桩引起的超孔隙水压力的初始分布和边界条件，通过级数展开的形式求解，但解仍然是一维的。

群桩承载力的时效比单桩复杂得多，唐世栋[121]认为，群桩基桩周围超孔隙水压力的分布规律和影响范围主要受到水裂作用的限制，为分析群桩桩周初始超孔隙水压力的分布规律提供了依据。沉桩过程中和成桩后初期，饱和黏土中挤土型群桩基桩的承载力比独立单桩的承载力随时间的增长速率慢，但持续的时间更长，这种现象是与超静孔隙水压力的消散规律直接相关的。

严格地讲，桩周土体固结是典型的三维固结问题，其中的渗流和变形均是三维的，通常只能用有限单元法等数值解法，但密集的群桩基础导致计算中划分的单元很多，计算非常繁杂，所以本章对单桩桩周土体和群桩桩间土体的固结解展开研究。

3.2　单桩桩周横观各向同性土体固结问题

3.2.1　定解条件的建立和求解

（1）定解条件的建立

考虑到桩周土体固结的空间特性，要得到合理的解答，必须同时考虑桩周土体的水平方向和竖直方向的固结。本节基于上述考虑，针对水平方向和竖直方向固结系数不同的土体，即横观各向同性土体，研究单桩沉桩后空间轴对称的固结问题。

根据文献[90]，土体固结的空间轴对称问题的微分方程见式(3-1)。

$$\frac{\partial u}{\partial t} = C_\text{h} \frac{1}{r} \frac{\partial}{\partial r}\left(r \frac{\partial u}{\partial r}\right) + C_\text{v} \frac{\partial^2 u}{\partial z^2} \tag{3-1}$$

对于单桩问题，假设桩体为圆柱形，桩土作用边界为径向隔水边界，桩尖土体为不透水土层，地面为自由排水面，可得固结问题的边界条件和初始条件，如图 3-1 所示。

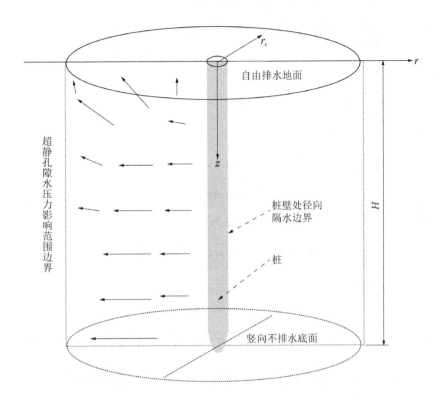

图 3-1　桩周土体空间轴对称固结模型

边界条件：

$$\frac{\partial u}{\partial r}\bigg|_{r=r_0} = \frac{\partial u}{\partial z}\bigg|_{z=H} = 0,\ u|_{z=0} = 0,\ u|_{r=r_e} = 0$$

初始条件：$u|_{t=0} = f(r, z)$ 为任意函数。

式中：

$C_h = \frac{(1+\nu)}{3(1-\nu)}\frac{k_h}{m_v\gamma_0}$ 为三向固结时水平向固结系数；

$C_v = \frac{(1+\nu)}{3(1-\nu)}\frac{k_v}{m_v\gamma_0}$ 为三向固结时竖直向固结系数；

r_0 为桩的半径；m_v 为土的体积压缩系数；ν 为泊松比；H 为桩长；u 为超静孔隙水压力；r 为径向坐标；z 为竖直方向坐标。

（2）定解问题的求解

将 $u = R(r)Z(z)T(t)$ 代入式(3-1)，可推得式(3-2)。

$$R(r)Z(z)\frac{\partial T}{\partial t} - C_h\left[\frac{\partial^2 R}{\partial r^2} + \frac{1}{r}\frac{\partial R}{\partial r}\right]Z(z)T(t) - C_v T(t)R(r)\frac{\partial^2 Z}{\partial z^2} = 0 \tag{3-2}$$

由式(3-2)和上述边界条件和初始条件，分离变量可得式(3-3)表示的定解问题。

$$\begin{cases} T' + \lambda C_h T = 0, \quad T|_{t=0} = f(r,z) \\ Z'' + \mu Z = 0, \quad Z|_{z=0} = 0, \quad Z'|_{z=H} = 0 \\ r^2 R'' + rR' + (\lambda - n\mu)r^2 R = 0, \quad R'|_{r=r_0} = 0, \quad R|_{r=r_e} = 0 \end{cases} \tag{3-3}$$

式中：

$T' = \dfrac{dT}{dt}, Z'' = \dfrac{d^2 Z}{dz^2}, R' = \dfrac{dR}{dr}, R'' = \dfrac{d^2 R}{dr^2}$；

$n = \dfrac{C_v}{C_h}$；λ，μ为分离变量时引入的参数；

式(3-3)中，$T' + \lambda C_h T = 0$的通解为式(3-4)。

$$T(t) = Ae^{-\lambda C_h t} \tag{3-4}$$

式(3-3)中，$Z'' + \mu Z = 0$，的通解为式(3-5a)。

$$Z(z) = C_1 \cos\sqrt{\mu}\, z + C_2 \sin\sqrt{\mu}\, z \tag{3-5a}$$

根据边界条件：

$$Z|_{z=0} = 0 \Rightarrow C_1 = 0 \Rightarrow Z(z) = C_2 \sin\sqrt{\mu}\, z$$

由于边界条件为齐次的，有非零解必须满足$\mu > 0$，所以由$Z'|_{z=H} = 0$且$C_2 \neq 0$可得：

$$\sqrt{\mu}H = (2k-1)\frac{\pi}{2} \quad (k=1,2,3,\cdots) \Rightarrow \mu_k = \frac{\pi^2}{4}\frac{(2k-1)^2}{H^2}$$

综上所述，式$Z'' + \mu Z = 0$的解答可表示为式(3-5b)。

$$Z_k(z) = C_k \sin\sqrt{\mu_k}z \quad (k=1,2,3,\cdots) \tag{3-5b}$$

式(3-3)中，$r^2 R'' + rR' + (\lambda - n\mu)r^2 R = 0$为贝塞尔方程，其通解[122]为：

$$R(r) = C_3 J_0(\alpha r) + C_4 Y_0(\alpha r)$$

根据边界条件：

$$R|_{r=r_e} = 0 \Rightarrow C_3 = -C_4 \frac{Y_0(\alpha r_e)}{J_0(\alpha r_e)} \Rightarrow R(r) = C_4 Y_0(\alpha r) - C_4 \frac{Y_0(\alpha r_e)}{J_0(\alpha r_e)} J_0(\alpha r)$$

由$R'|_{r=r_0} = 0$且$C_4 \neq 0$可得问题的特征方程式(3-6)。

$$J_1(\alpha_i r_0)Y_0(\alpha_i r_e) - J_0(\alpha_i r_e)Y_1(\alpha_i r_0) = 0 \quad (i=1,2,3,\cdots) \tag{3-6}$$

所以，满足边界条件的贝塞尔方程的解为式(3-7)。

$$R_i(r) = C_i Y_0(\alpha_i r) - C_i \frac{Y_0(\alpha_i r_e)}{J_0(\alpha_i r_e)} J_0(\alpha_i r) \quad (i=1,2,3,\cdots) \tag{3-7}$$

式中：$\alpha = \sqrt{\lambda - n\mu}$；$\mu_k = \frac{\pi^2}{4}\frac{(2k-1)^2}{H^2}(k=1,2,3,\cdots)$；

J_0，J_1分别为零阶和一阶第一类贝塞尔函数；

Y_0，Y_1 分别为零阶和一阶第二类贝塞尔函数；

$\alpha_i(i=1,2,3,\cdots)$ 为特征值，为特征方程的无穷多个正零点，用图解法结合牛顿迭代法求解。

可以证明：

$$\left\{\left[Y_0(\alpha_i r)-\frac{Y_0(\alpha_i r_e)}{J_0(\alpha_i r_e)}J_0(\alpha_i r)\right]\sin(\sqrt{\mu_k}z)\right\}\quad\begin{pmatrix}k=1,2,3\cdots\\i=1,2,3\cdots\end{pmatrix}$$

以 r 为权值构成完备正交系，且 $\alpha=0$ 时，式(3-3)只有零解。

结合上述完备正交性和式(3-4)、式(3-5b)和式(3-7)，式(3-1)桩周土体固结问题的解答可表示为式(3-8)的级数形式。式(3-8)可以计算桩周土体中任意点，任意时刻的超静孔隙水压力。

$$u(r,z,t)=\sum_{i=1}^{\infty}\sum_{k=1}^{\infty}C_{k,i}\sin(\sqrt{\mu_k}z)\left[Y_0(\alpha_i r)-\frac{Y_0(\alpha_i r_e)}{J_0(\alpha_i r_e)}J_0(\alpha_i r)\right]e^{-\lambda_{k,i}c_h t}\tag{3-8}$$

式中：$\lambda_{k,i}=\alpha_i^2+n\mu_k$；

$$C_{k,i}=\frac{\int_{r_w}^{r_e}\int_0^H f(r,z)M_i\sin(\sqrt{\mu_k}z)r\,dr\,dz}{\int_{r_w}^{r_e}\int_0^H M_i^2\sin^2(\sqrt{\mu_k}z)r\,dr\,dz};$$

$M_i=\left[Y_0(\alpha_i r)-\frac{Y_0(\alpha_i r_e)}{J_0(\alpha_i r_e)}J_0(\alpha_i r)\right]$。

由式(3-8)可定义研究区域的固结度式(3-9)，该式反映桩周土体某一时刻的平均固结度。

$$U(t)=1-\frac{\int_{r_w}^{r_e}\int_0^H u(r,z,t)r\,dr\,dz}{\int_{r_w}^{r_e}\int_0^H f(r,z)r\,dr\,dz}\tag{3-9}$$

3.2.2　初始条件的确定

要得到桩周土体固结问题的解，还需要确定问题初始条件，$u|_{t=0}=f(r,z)$。由于没有足够的初始孔隙应力的现场测试资料，本书拟根据文献[78]假设桩周土体初始超静孔隙水压力分布，如式(3-10)所示。

$$f(r,z)=\frac{1}{3\ln a}\left[M_0+\frac{c_a z}{r_0}+2.7\alpha_f c_u\right]\ln\frac{a}{\rho}\tag{3-10}$$

式中：

$\alpha_f=\frac{\sqrt{2}}{2}(3A-1)$；$\rho=\frac{r}{r_0}$；$a=\frac{R}{r_0}$；

c_a为桩土界面处的黏聚力；μ为土的泊松比；E为土的弹性模量；c_u为土的不排水剪切强度。

式(3-10)表示初始超静孔隙水压力沿深度线性增大和沿径向对数衰减的规律。

3.2.3　工程实例和固结度的影响因素分析

1）工程实例

从承载力的长期时效来说，对于黏土或软土等渗透系数或固结系数较小的土，桩周土体固结以及有效应力增大是最主要的影响因素。文献[119]分析了桩间土中超孔隙水压力的分布及大小，建立了桩间土再固结模型，用三维固结理论编制了计算程序，并将计算的桩间土固结度增长与实测桩承载力的增长进行了对比，两者的增长率吻合较好，如表 3-1 所示。由表 3-1 可知，实测承载力增长和固结度的增长基本上是同步的，可用承载力的增长率来描述固结度，并可得承载力换算固结度计算式如下：

$$U_c = \frac{Q_t - Q_{初始}}{Q_{最终} - Q_{初始}}$$

式中：Q_t为t时刻的承载力值，$Q_{最终}$、$Q_{初始}$分别为最终和初始承载力值。

表明可由桩间土固结度的增长来预估桩承载力的增长。所以本书利用实测承载力随时间变化的资料反算固结度的变化趋势，以验证本书的桩周土体固结度的计算结果。

土固结度与承载力增长对比　　　　　　　　　　　　　　　　　表 3-1

时间/d	固结度增长/%	承载力增长/%
14	51	66
137	82	83
297	90	88
409	92	91

浙江省某电厂的试桩用桩[78,123]为一 45cm × 45cm 的预制混凝土方桩，入土深度 30.9m。在打桩后第 10d、19d、31d、61d 和 91d 各进行了一次桩基承载力试验，得到不同间歇期的承载力实测值，见表 3-2。

承载力实测值和等效固结度　　　　　　　　　　　　　　　　　表 3-2

间歇期/d	0	10	19	31	61	91
实测值/kN	1000	3100	3740	4290	4550	4660
换算固结度U_c/%	0	57.38	74.86	89.89	95.63	100

本书拟用第 91d 的承载力实测值作为桩的最终承载力（根据图 3-2，61～91d 期间的承载力变化已趋于稳定，所以在没有最终承载力实测值的条件下，以第 91d 的承载力值作为实测值是合理的），根据上述换算固结度的计算式可得实测承载力值和由承载力值换算得到的等效固结度值，见表 3-2。

土性参数取值如下：

$$\gamma = 18.0 \text{kN/m}^3; \ C_v = C_h = 0.27 \text{m}^2/\text{d}; \ \mu = 0.25;$$

$$E = 10.5 \text{MPa}; \ \varphi = 23°; \ c_a = 11 \text{kPa}; \ c_u = 20 \text{kPa}; \ A = 0.85;$$

几何参数：$H = 30.9$m；对于方桩，计算时桩的半径取等效半径：

$$r_0 = \sqrt{\frac{d^2}{\pi}} = 0.2539 \text{m}$$

根据研究结果[77]，取沉桩造成的超静孔隙水压力的影响范围相对于桩的直径的倍数 $a = 20$。

初始条件：由式(3-10)可得：

$$f(r, z) = (33.18 + 4.821z) \ln\frac{5.078}{r} (\text{kPa})$$

式(3-8)、式(3-9)的计算结果与实测承载力换算的等效固结度的对比见图 3-2。由图 3-2 的对比可知，用本书的级数解计算桩周土体的固结度，与实测承载力的换算固结度很接近。可能原因是，固结系数较大的黏性土的触变效应对桩承载力的变化的影响相对不明显，所以实测承载力值变化主要是土体固结造成的，所以本节的固结级数解可较精确反映单桩承载力的变化。

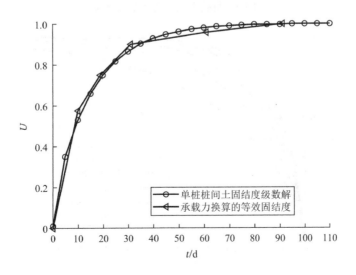

图 3-2　工程实例换算固结度与本书的计算固结度

2）固结度的影响因素分析

在工程应用中，为计算某一时间点的固结度，通常需要测定多个计算参数，如：水平方向和竖直方向的渗透系数、土的压缩模量和泊松比等。固结度的计算结果对有些计算参数的变化非常敏感，需要较精确地测定这些参数，而对有些计算参数的变化很不敏感，不需要较精确地测定这些参数，甚至可以根据已有的规范或手册中的经验值确定。

为确定 3.2.3 节第 1）条工程实例计算中固结度的计算结果对各计算参数变化的敏感性，对该工程实例某个参数进行调整，其他参数保持不变，用以上级数解进行计算，可得桩孔半径对固结度的影响（图 3-3）、固结系数对固结度的影响（图 3-4）和桩长对固结度的影响（图 3-5）。

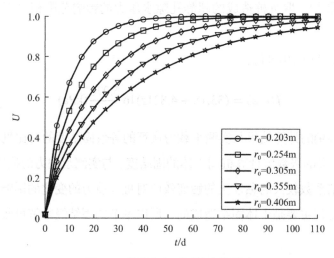

图 3-3　桩孔半径对固结度的影响

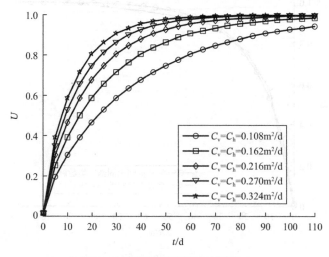

图 3-4　固结系数对固结度的影响

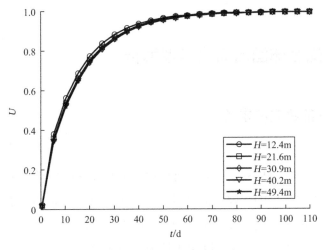

图 3-5　桩长对固结度的影响

由图 3-3 可知，桩孔半径对固结度的影响较为明显，对于桩周土体固结问题，桩孔扩张半径的影响体现为初始超静孔隙水压力的影响范围，孔径越大，超静孔隙水压力的影响范围越大，固结速度越慢。

由图 3-4 可知，固结系数的改变对固结速度有直接的、大幅度的影响，所以需要较精确地确定桩周土体的固结系数。

由图 3-5 可知，桩长对固结度的影响是，随着桩长的增加，固结速度有所减缓，但幅度较小，原因是本工程实例中桩长 30.9m，而桩周土体中超静孔隙压力的影响范围为 5.078m，由于在径向和竖直方向渗透系数相同的情况下，渗流路径长短是影响固结度的主要因素，在本工程实例中，虽然桩长有较大幅度的改变，但相对于径向固结，不是影响固结的主要因素，所以，对固结度计算值的影响较小。当桩长减小到与径向影响范围差不多的数值时，桩长的改变对固结度的影响将较大，如图 3-6 所示。

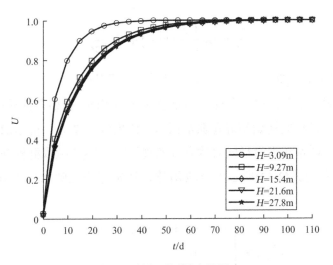

图 3-6　桩长对固结度的影响

3.3　群桩桩间土体固结简化模型解析

3.3.1　定解条件的建立和求解

1）定解条件的建立

群桩承载力的时效比单桩复杂得多，沉桩过程中和成桩后初期，饱和黏土中挤土型群桩基桩的承载力比独立单桩的承载力随时间的增长速率慢，但持续的时间更长，这种现象是与超静孔隙水压力的消散规律直接相关的。所以本节通过对实际群桩超孔压消散问题进行简化，初步研究群桩桩间土体超静孔隙水压力的消散规律。

唐世栋[117]和姚笑青[119]的研究表明，桩距较小、沉桩较快时，桩群内超孔隙水压力瞬时可达（1.5～2）$\gamma'z$，甚至（3～4）$\gamma'z$，这是超孔隙水压力叠加的结果。由于超孔隙水压力较高，导致土中竖向有效应力等于 0，土中出现横向裂缝；裂缝致使超孔隙水压力迅速消散、裂缝闭合，整个桩群内超孔隙水压力趋于一个稳定值$\gamma'z$。在软黏土中沉桩，塑性区半径$R_p = （4～10）r_0$，当桩距S较小时（$S < 2R_p$），由于叠加作用使桩间土中超孔隙水压力较大，其稳定值将取决于土的上覆有效压力和黏土的不排水强度c_u。唐世栋[121]也认为，群桩基桩外超孔隙水压力的分布规律和影响范围主要受水裂作用的限制，这为分析群桩桩周初始超孔隙水压力的分布规律提供了依据。

根据以上分析，假设桩尖土体为不透水土层，地面为自由排水面，建立群桩基础桩间正交各向异性土体固结的模型，如图 3-7 所示。

由图 3-7 可知，可把群桩基础的桩间土体固结简化为空间轴对称问题，微分方程为式(3-11)。

$$\frac{\partial u}{\partial t} = C_h \frac{1}{r} \frac{\partial}{\partial r}\left(r\frac{\partial u}{\partial r}\right) + C_v \frac{\partial^2 u}{\partial z^2}$$ (3-11)

边界条件：$u|_{z=0} = \frac{\partial u}{\partial z}\big|_{z=H} = 0$，$u|_{r=0} < \infty, u|_{r=r_e} = 0$。

群桩和单桩固结模型的边界条件和初始条件均不相同。初始条件根据上述分析确定，由于水裂作用，群桩桩间初始超静孔隙水压力沿深度线性增大；桩基础最外排桩包络线以外区域，超静孔隙水压力沿径向对数衰减的规律[77]，本节拟取群桩桩间土中初始超静孔隙水压力的分布为式(3-12)所示的分段函数，初始超静孔隙水压力分布曲线如图 3-5 所示。

$$u|_{t=0} = \begin{cases} u_1 = \gamma'z + c_u(0 \leqslant r \leqslant r_p) \\ u_2 = \dfrac{\ln\dfrac{a}{\rho}}{\ln a}(\gamma'z + c_u)(r_p < r \leqslant r_e) \end{cases}$$ (3-12)

式中：$\rho = \frac{r - r_p + r_0}{r_0}$；$a = \frac{R}{r_0}$；$C_h$ 为三向固结时水平向固结系数，$C_h = \frac{(1+\nu)}{3(1-\nu)} \frac{k_h}{m_v \gamma_w}$；$C_v$ 为三向固结时竖直向固结系数，$C_v = \frac{(1+\nu)}{3(1-\nu)} \frac{k_v}{m_v \gamma_w}$；$r_0$ 为桩的半径；γ' 为土的有效重度；r_e 为成桩后初始超静孔隙水压力影响半径；r_p 为群桩基础外缘包络线所围成面积的等效半径；H 为桩长；u 为超静孔隙水压力；r 为径向坐标；z 为竖直方向坐标。

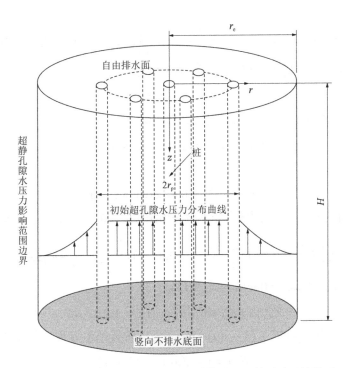

图 3-7　群桩基础桩间横观各向同性土体的空间轴对称固结模型

2）定解问题的求解

将 $u = R(r)Z(z)T(t)$ 代入式(3-11)，得：

$$R(r)Z(z)\frac{\partial T}{\partial t} - C_h Z(z)T(t)\left[\frac{\partial^2 R}{\partial r^2} + \frac{1}{r}\frac{\partial R}{\partial r}\right] - C_v T(t)R(r)\frac{\partial^2 Z}{\partial z^2} = 0 \tag{3-13a}$$

即：

$$\frac{\frac{dT}{dt}}{C_h T} = \frac{Z(z)\left[\frac{d^2 R}{dr^2} + \frac{1}{r}\frac{dR}{dr}\right] + \frac{C_v}{C_h}R(r)\frac{d^2 Z}{dz^2}}{R(r)Z(z)} = -\lambda \tag{3-13b}$$

即：

$$\begin{cases} \dfrac{dT}{dt} + \lambda C_h T = 0 \\ Z(z)\left[\dfrac{d^2 R}{dr^2} + \dfrac{1}{r}\dfrac{dR}{dr}\right] + \dfrac{C_v}{C_h}R(r)\dfrac{d^2 Z}{dz^2} + \lambda R(r)Z(z) = 0 \end{cases} \tag{3-13c}$$

由式(3-13c)考虑初始条件和边界条件可得式(3-13d)。

$$\begin{cases} T' + \lambda C_h T = 0, \\ u_1 = \gamma' z + c_u (0 \leqslant r \leqslant r_p), \ u_2 = \dfrac{\ln(a/\rho)}{\ln a}(\gamma' z + c_u)(r_p < r \leqslant r_e) \\ Z'' + \mu Z = 0, \ Z|_{z=0} = 0, \ Z'|_{z=H} = 0 \\ r^2 R'' + r R' + (\lambda - n\mu) r^2 R = 0, \ R|_{r=0} < \infty, \ R|_{r=r_e} = 0 \end{cases} \tag{3-13d}$$

式中：

$$T' = \frac{dT}{dt}, \ Z'' = \frac{d^2 Z}{dz^2}, \ R' = \frac{dR}{dr}, \ R'' = \frac{d^2 R}{dr^2}; \ n = \frac{C_v}{C_h}; \ \lambda \setminus \mu$$ 为分离变量时引入的参数。

式(3-13d)中，$T' + \lambda C_h T = 0$ 的通解为式(3-14a)。

$$T(t) = A e^{-\lambda C_h t} \tag{3-14a}$$

式(3-13d)中，$Z'' + \mu Z = 0$，的通解为式(3-14b)。

$$Z(z) = C_1 \cos\sqrt{\mu} z + C_2 \sin\sqrt{\mu} z \tag{3-14b}$$

根据边界条件：

$$Z|_{z=0} = 0 \Rightarrow C_1 = 0 \Rightarrow Z(z) = C_2 \sin\sqrt{\mu} z$$

由于边界条件为齐次的，使问题有非零解必须满足 $\mu > 0$，所以由 $Z'|_{z=H} = 0$ 且 $C_2 \neq 0$ 可得：

$$\sqrt{\mu} H = (2k-1)\frac{\pi}{2} \quad (k = 1,2,3,\cdots) \Rightarrow \mu_k = \frac{\pi^2}{4} \frac{(2k-1)^2}{H^2}$$

综上所述，式 $Z'' + \mu Z = 0$ 的解为式(3-15a)。

$$Z_k(z) = C_k \sin\sqrt{\mu_k} z \quad (k = 1,2,3,\cdots) \tag{3-15a}$$

式(3-13d)中，$r^2 R'' + r R' + (\lambda - n\mu) r^2 R = 0$ 为零阶贝塞尔方程，其通解为式(3-15b)。

$$R(r) = C_3 J_0(\alpha r) + C_4 Y_0(\alpha r) \tag{3-15b}$$

根据边界条件：

$$R|_{r=0} < \infty \Rightarrow C_4 = 0 \Rightarrow R(r) = C_3 J_0(\alpha r)$$

由于 $R|_{r=r_e} = 0$ 且 $C_3 \neq 0$，所以满足边界条件的零阶贝塞尔方程的解为式(3-15c)。

$$R(r) = C_i J_0(\alpha_i r) \tag{3-15c}$$

式中：$\mu_k = \frac{\pi^2}{4} \frac{(2k-1)^2}{H^2} (k = 1,2,3,\cdots)$；$\alpha_i (i = 1,2,3,\cdots)$ 为特征值，为特征方程 $J_0(\alpha_i r_e) = 0$ 的无穷多个正零点。

$\{J_0(\alpha_i r) \sin(\sqrt{\mu_k} z)\}(k = 1,2,3,\cdots; i = 1,2,3,\cdots)$ 以 r 为权值构成完备正交系，且 $\alpha_i = 0$ 时，式(3-15c)只有零解。

结合上述完备正交性和式(3-14a)、式(3-15a)和式(3-15c)，群桩基础桩间土三维固结问题的解可表示为式(3-16)的级数形式，式(3-16)可以计算桩间土体中任意点、任意时刻的超静孔隙水压力。

$$\begin{aligned} u(r,z,t) &= \sum_{i=1}^{\infty} \sum_{k=1}^{\infty} C_k C_i J_0(\alpha_i r) \sin(\sqrt{\mu_k} z) A_{k,i} e^{-\lambda_{k,i} C_h t} \\ &= \sum_{i=1}^{\infty} \sum_{k=1}^{\infty} C_{k,i} J_0(\alpha_i r) \sin(\sqrt{\mu_k} z) e^{-\lambda_{k,i} C_h t} \end{aligned} \tag{3-16}$$

由式(3-16)可得初始条件：

$$u(r,z) = \sum_{i=1}^{\infty} \sum_{k=1}^{\infty} C_{k,i} J_0(\alpha_i r) \sin(\sqrt{\mu_k} z)$$

因为数列$\{J_0(\alpha_i r) \sin(\sqrt{\mu_k} z)\}(k = 1,2,3,\cdots; i = 1,2,3,\cdots)$构成正交系，即：

当$\alpha_{i1} \neq \alpha_{i2}$或$\mu_{k1} \neq \mu_{k2}$时：

$$\int_0^{r_e} \int_0^H J_0(\alpha_{i1} r) \sin(\sqrt{\mu_{k1}} z) J_0(\alpha_{i2} r) \sin(\sqrt{\mu_{k2}} z) r \, dr \, dz = 0$$

所以根据初始条件式(3-11)，式(3-16)的系数可写为：

$$C_{k,i} = \frac{\int_0^{r_p} \int_0^H u_1(r,z) J_0(\alpha_i r) \sin(\sqrt{\mu_k} z) r \, dr \, dz + \int_{r_p}^{r_e} \int_0^H u_2(r,z) J_0(\alpha_i r) \sin(\sqrt{\mu_k} z) r \, dr \, dz}{\int_0^{r_e} \int_0^H J_0^2(\alpha_i r) \sin^2(\sqrt{\mu_k} z) r \, dr \, dz}$$

由式(3-16)可定义研究区域的固结度式(3-17)，该式能反映桩周土体某一时刻的平均固结度。

$$U(t) = 1 - \frac{\int_0^{r_0} \int_0^H u(r,z,t) r \, dr \, dz}{U_0} \tag{3-17}$$

式中：$U_0 = \int_0^{r_p} \int_0^H u_1(r,z) r \, dr \, dz + \int_{r_p}^{r_e} \int_0^H u_2(r,z) r \, dr \, dz$

3.3.2　计算参数的确定

图 3-7 是针对空间轴对称分布桩基础的桩间土体固结模型，对于非轴对称的群桩基础，在计算时需要对几何参数进行等效处理。图 3-8 给出了实际桩基的平面布置图，图中有通过面积等效得到的外缘包络线半径r_p和初始超孔压影响范围半径r_e。

用群桩基础最外围桩的外缘包络线所围成面积S来换算等效半径，如式(3-18)所示。

$$r_p = \sqrt{\frac{S}{\pi}} \tag{3-18}$$

对于方桩或其他非圆截面桩，用基桩的横截面积S_0来换算等效桩半径，如式(3-19)所示。

$$r_0 = \sqrt{\frac{S_0}{\pi}} \tag{3-19}$$

由于群桩基础的桩体置换了一部分土体，可认为桩本身是不透水介质，所以必须对土体的渗透系数进行折减。根据式(3-20)对空间轴对称问题的径向的渗透系数进行折减。

$$k'_{\mathrm{h}} = \frac{l - l_0}{l} k_{\mathrm{h}} \tag{3-20}$$

式中：l为群桩基础最外围桩的外缘封闭包络线的长度；l_0为包络线上所有桩的直径和或边长和。

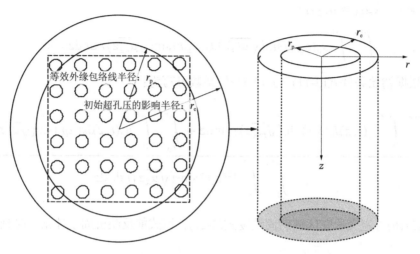

图 3-8　群桩桩间土体固结模型的计算参数

3.3.3　工程实例和固结度的影响因素分析

1）工程实例

上海某试桩资料[119]：试验用桩为一个边长 50cm 的混凝土方桩，桩体自重 125kN，入土深度 24.5m。桩群范围为 15m×15m，桩距 1.5m。在打桩后第 14d、137d、297d、409d 各进行了一次试验。试验得到的承载力值和由承载力值换算得到的等效固结度见表 3-3。表中Q_t表示t时刻的承载力值，$Q_{最终}$、$Q_{初始}$为最终时刻和初始承载力值。根据 3.2.3 节第 1）条的分析，桩间土承载力增长率和固结度增长率具有同步性，且实测承载力和固结度之间的关系满足：

$$U_{\mathrm{c}} = \frac{Q_{\mathrm{t}} - Q_{初始}}{Q_{最终} - Q_{初始}}$$

差分法计算固结度、实测承载力值和等效固结度　　　　　表 3-3

间歇期/d	0	14	137	297	409	最终
承载力实测值Q_t/kN	300	1400	1760	1860	1930	2110
换算固结度U_c/%	0	60.77	80.66	86.19	90.06	100
差分法计算固结度/%	0	51	82	90	92	—

实测的土性参数如表 3-4 所示，取桩入土深度为计算深度，以层厚为权重加权平均的

计算参数值如下：

工程实例的土性参数　　　　　　表 3-4

土层	层厚/m	重度/（kN/m³）	e	k_h/（cm/d）	k_v/（cm/d）	压缩模量/MPa
淤泥质黏土	7	18.0	1.15	0.15	0.015	3.0
黏土	10	17.2	1.38	0.10	0.010	2.8
粉质黏土	14	18.3	1.02	0.15	0.015	5.0

$$\gamma' = \frac{18 \times 7 + 17.2 \times 10 + 18.3 \times 7.5}{24.5} - 9.8 \approx 7.97 \text{kN};$$

$$E_s = \frac{3000 \times 7 + 2800 \times 10 + 5000 \times 7.5}{24.5} \approx 3.53 \times 10^3 \text{kN};$$

$$k_v = \frac{0.015 \times 7 + 0.01 \times 10 + 0.015 \times 7.5}{24.5} \times 0.01 \approx 1.30 \times 10^{-4} \text{m/d};$$

$$k'_h = \frac{0.15 \times 7 + 0.1 \times 10 + 0.15 \times 7.5}{24.5} \times \frac{2}{3} \times 0.01 \approx 8.64 \times 10^{-4} \text{m/d};$$

$$C_v = \frac{(1+\nu)k_v E_s}{3(1-\nu)\gamma_w} \approx 0.0309 \text{m}^2/\text{d};$$

$$C_h = \frac{(1+\nu)k'_h E_s}{3(1-\nu)\gamma_w} \approx 0.206 \text{m}^2/\text{d};$$

几何参数：从包络线外缘算起，群桩挤土造成的超静孔隙水压力的影响范围相对于桩的直径的倍数[77]$a = 20$，桩长 $H = 24.5\text{m}$；

由式(3-18)和式(3-19)可得：

$$r_0 = \sqrt{\frac{0.5 \times 0.5}{\pi}} \approx 0.28\text{m}; \quad r_p = r_0 + \sqrt{\frac{15 \times 15}{\pi}} \approx 8.74\text{m};$$

$$r_e = r_p + r_0(a-1) \approx 14.1\text{m}。$$

初始条件由式(3-11)确定。

式(3-17)、式(3-16)结合以上各计算参数，求解所得结果与实测承载力换算的等效固结度，以及文献[119]差分法计算的群桩基础桩间土体固结度的对比，见图 3-9。

2）固结度的影响因素分析

在桩间土体固结过程中，固结速度的影响因素很多，包括水平方向和竖直方向的渗透系数、土的压缩模量和泊松比等。固结度对部分计算参数的变化较为敏感，而对有些计算参数的变化很不敏感，可以根据已有的规范或手册的规定值来确定。

为分析群桩基础土性和几何参数对固结速度的影响，或参数对固结度计算结果的影响，对 3.3.3 节第 1）条工程实例的某个土性或几何参数进行调整，其他参数保持不变，用式(3-16)、式(3-17)进行计算，可得图 3-10～图 3-14。

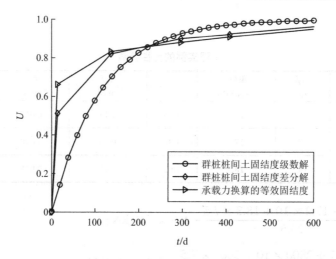

图 3-9　实测承载力换算固结度、固结度的差分解和本书的级数解

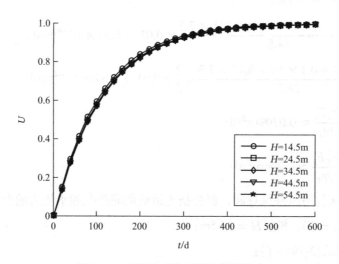

图 3-10　桩长的变化对固结度的影响

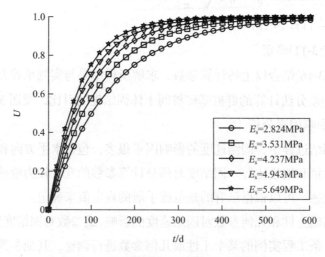

图 3-11　压缩模量的变化对固结度的影响

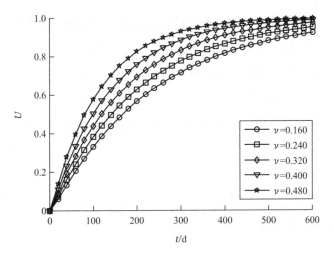

图 3-12　泊松比的变化对固结度的影响

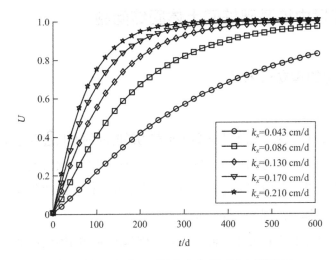

图 3-13　径向渗透系数的变化对固结度的影响

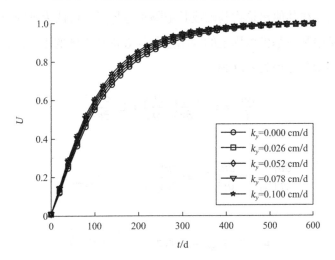

图 3-14　竖直方向渗透系数的变化对固结度的影响

由图可知，径向渗透系数、压缩模量和泊松比的改变对固结度影响明显，而桩长和竖向渗透系数对固结度影响不明显，原因可能有以下几个方面：

工程实例中，水平向渗透系数为竖直方向的十倍，所以固结渗流以水平向为主，竖直向渗透系数一定范围的改变不影响渗流以水平向为主的趋势。

工程实例中，桩长为 24.5m，而群桩基础的超孔隙水压力的径向等效影响半径 r_e 约为 14m，所以从渗径的长短来考虑，固结渗流也是以径向为主导，桩长的少量改变对固结度的计算结果的影响不明显。

压缩模量和泊松比的改变直接影响三向固结的径向和竖直方向的固结系数值，所以对固结度计算结果的影响较明显。

3.4 封闭环境中桩基础桩间土体固结问题

3.4.1 定解条件的建立和求解

（1）定解条件的建立

文献[116]显示，对于某些黏土或软黏土承载力随时间的增长过程是非常漫长的，可达十几年或数十年。由 3.3 节可知，可由桩间土固结度的增长来预估桩承载力的增长，固结度随时间的变化和承载力随时间变化是相应的，本节从土体固结的角度对封闭环境中群桩桩间正交各向异性土体固结规律展开研究。

所谓封闭环境是指大面积分布的群桩基础、桩基础周围的场地排水不畅、压缩模量很大或周围场地土体渗透系数非常小等情形。封闭环境中的群桩基础，由于径向渗流的距离较大，桩基础周围存在其他建筑物基础或其他隔水边界时，可认为桩间土体固结如图 3-15 所示，即可用桩基中某一基桩桩周土的固结过程等效桩基土体的固结过程。仍假设为空间轴对称问题，固结微分方程为式(3-21)。

$$\frac{\partial u}{\partial t} = C_h \frac{1}{r}\frac{\partial}{\partial r}\left(r\frac{\partial u}{\partial r}\right) + C_v \frac{\partial^2 u}{\partial z^2} \tag{3-21}$$

边界条件：

$$\left.\frac{\partial u}{\partial r}\right|_{r=r_0} = \left.\frac{\partial u}{\partial r}\right|_{r=r_e} = \left.\frac{\partial u}{\partial z}\right|_{z=H} = 0, \ u|_{z=0} = 0$$

初始条件：

$$u(r,z,t)|_{t=0} = u(r,z,0)(r_0 \leqslant r \leqslant r_e)$$

式中：C_h 为三向固结时水平向固结系数，$C_h = \frac{(1+\nu)}{3(1-\nu)}\frac{k_h}{m_v\gamma_w}$；

C_v 为三向固结时竖直向固结系数，$C_v = \frac{(1+\nu)}{3(1-\nu)} \frac{k_v}{m_v \gamma_w}$；

r_0 为桩的半径；r_e 为等效固结计算的区域；H 为桩长；u 为超静孔隙水压力；r 为径向坐标；z 为竖直方向坐标。

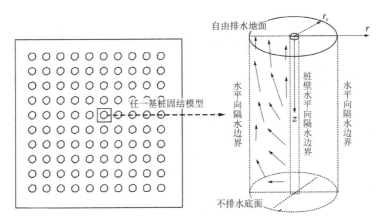

图 3-15　封闭环境中的群桩基础中某基桩的桩周土体固结模型

（2）定解问题的求解

采用 3.3.1 节第 2）条的分离变量法的推导过程，可得大面积密集群桩基础定解问题的等价表达式，见式(3-22)。

$$\begin{cases} T' + \lambda C_h T = 0, \ u|_{t=0} = \gamma' z + c_u (r_0 \leqslant r \leqslant r_e) \\ Z'' + \mu Z = 0, \ Z|_{z=0} = 0, \ Z'|_{z=H} = 0 \\ r^2 R'' + rR' + (\lambda - n\mu) r^2 R = 0, \ R'|_{r=r_0} = 0, \ R'|_{r=r_e} = 0 \end{cases} \quad (3\text{-}22)$$

式(3-22)中，$T' + \lambda C_h T = 0$ 的通解为式(3-23)。

$$T(t) = A e^{-\lambda C_h t} \quad (3\text{-}23)$$

式(3-22)中，$Z'' + \mu Z = 0$ 的通解为式(3-24a)。

$$Z(z) = C_1 \cos \sqrt{\mu} z + C_2 \sin \sqrt{\mu} z \quad (3\text{-}24a)$$

根据边界条件：

$$Z|_{z=0} = 0 \Rightarrow C_1 = 0 \Rightarrow Z(z) = C_2 \sin \sqrt{\mu} z$$

由于边界条件为齐次的，使问题有非零解必须满足，$\mu > 0$，所以由 $Z'|_{z=H} = 0$ 且 $C_2 \neq 0$ 可得：

$$\sqrt{\mu} H = (2k-1) \frac{\pi}{2} \quad (k = 1,2,3,\cdots) \Rightarrow \mu_k = \frac{\pi^2}{4} \frac{(2k-1)^2}{H^2}$$

所以，式 $Z'' + \mu Z = 0$ 的解答可表示为式(3-24b)。

$$Z_k(z) = C_k \sin \sqrt{\mu_k} z \quad (k = 1,2,3,\cdots) \quad (3\text{-}24b)$$

式(3-22)中，当 $\alpha \neq 0$ 时，$r^2 R'' + rR' + (\lambda - n\mu) r^2 R = 0$ 为贝塞尔方程，其通解为(3-25a)。

$$R(r) = C_3 J_0(\alpha r) + C_4 Y_0(\alpha r) \quad (3\text{-}25a)$$

因为：

$$\frac{dJ_0(r)}{dr} = -J_1(r) \Rightarrow \frac{dR}{dr} = -C_3 J_1(\alpha r) - C_4 Y_1(\alpha r)$$

所以：

$$R'|_{r=r_e} = 0 \Rightarrow C_4 = -C_3 \frac{J_1(\alpha r_e)}{Y_1(\alpha r_e)} \Rightarrow R(r) = C_3 J_0(\alpha r) - C_3 \frac{J_1(\alpha r_e)}{Y_1(\alpha r_e)} Y_0(\alpha r)$$

式中：$\alpha = \sqrt{\lambda - n\mu}$；$J_0$、$J_1$ 为零阶和一阶第一类贝塞尔函数；Y_0、Y_1 为零阶和一阶第二类贝塞尔函数；

为使 $R'|_{r=r_0} = 0$ 时，式(3-25a)有非零解，必须满足：

$$J_1(\alpha r_0)Y_1(\alpha r_e) - J_1(\alpha r_e)Y_1(\alpha r_0) = 0$$

可以证明：

$$J_1(\alpha r_0)Y_1(\alpha r_e) - J_1(\alpha r_e)Y_1(\alpha r_0) = 0$$

有无穷多个正零点，设为 $\alpha_i (i = 1,2,3,\cdots)$，所以式(3-25a)的特解为式(3-25b)。

$$R_i(r) = C_i J_0(\alpha_i r) - C_i \frac{J_1(\alpha_i r_e)}{Y_1(\alpha_i r_e)} Y_0(\alpha_i r)(i = 1,2,3,\cdots) \tag{3-25b}$$

当 $\alpha = 0$ 时，$\lambda = n\mu$，$r^2 R'' + rR' + (\lambda - n\mu)r^2 R = 0$ 化为式(3-26a)。

$$r^2 R'' + rR' = 0 \tag{3-26a}$$

显然，当满足边界条件：$R'|_{r=r_w} = 0$，$R'|_{r=r_e} = 0$ 时，式(3-26a)的特解为式(3-26b)。

$$R_0(r) = Const. \tag{3-26b}$$

由式(3-23)、式(3-24b)、式(3-25b)和式(3-26b)可知，固结问题的解可写为级数［式(3-27)］，式(3-27)是空间坐标 (z, r) 和时间变量 t 的函数，可以计算桩间土体中任意点、任意时刻的超静孔隙水压力。

$$u(r,z,t) = \sum_{k=1}^{\infty} C_k C_0 \sin(\sqrt{\mu_k}z) A_{k,0} e^{-\lambda_{k,0}C_h t} + \sum_{i=1}^{\infty} \sum_{k=1}^{\infty} C_k C_i M_i \sin(\sqrt{\mu_k}z) A_{k,i} e^{-\lambda_{k,i}C_h t}$$

$$= \sum_{k=1}^{\infty} C_{k,0} \sin(\sqrt{\mu_k}z) e^{-\lambda_{k,0}C_h t} + \sum_{i=1}^{\infty} \sum_{k=1}^{\infty} C_{k,i} M_i \sin(\sqrt{\mu_k}z) e^{-\lambda_{k,i}C_h t} \tag{3-27}$$

式中：

$$M_i = \left[J_0(\alpha_i r) - \frac{J_1(\alpha_i r_e)}{Y_1(\alpha_i r_e)} Y_0(\alpha_i r) \right], \quad \lambda_{k,0} = n\mu_k, \quad \lambda_{k,i} = \alpha_i^2 + n\mu_k$$

当 $t = 0$ 时，初始条件可为式(3-28)。

$$u(r,z,0) = \sum_{k=1}^{\infty} C_{k,0} \sin(\sqrt{\mu_k}z) + \sum_{i=1}^{\infty} \sum_{k=1}^{\infty} C_{k,i} \left[J_0(\alpha_i r) - \frac{J_1(\alpha_i r_e)}{Y_1(\alpha_i r_e)} Y_0(\alpha_i r) \right] \sin(\sqrt{\mu_k}z) \tag{3-28}$$

由于：

$$\left\{ \sin(\sqrt{\mu_k}z), \left[J_0(\alpha_i r) - \frac{J_1(\alpha_i r_e)}{Y_1(\alpha_i r_e)} Y_0(\alpha_i r) \right] \sin(\sqrt{\mu_k}z) \right\} (k = 1,2,3\cdots; i = 1,2,3\cdots)$$

构成以r为权值的完备正交系，即，

当$\alpha_{i1} \neq \alpha_{i2}$或$\mu_{k1} \neq \mu_{k2}$时：

$$\int_{r_0}^{r_e} \int_0^H M_{i1} M_{i2} \sin(\sqrt{\mu_{k1}}z) \sin(\sqrt{\mu_{k2}}z) r \, dr \, dz = 0$$

$$\int_{r_0}^{r_e} \int_0^H \sin(\sqrt{\mu_{k1}}z) \sin(\sqrt{\mu_{k2}}z) r \, dr \, dz = 0$$

当$k_1 = 1,2,3\cdots$；$k_2 = 1,2,3\cdots$时：

$$\int_{r_0}^{r_e} \int_0^H M_{i1} \sin(\sqrt{\mu_{k1}}z) \sin(\sqrt{\mu_{k2}}z) r \, dr \, dz = 0$$

式中：$M_{i1} = \left[J_0(\alpha_{i1}r) - \dfrac{J_1(\alpha_{i1}r_e)}{Y_1(\alpha_{i1}r_e)} Y_0(\alpha_{i1}r) \right]$

$M_{i2} = \left[J_0(\alpha_{i2}r) - \dfrac{J_1(\alpha_{i2}r_e)}{Y_1(\alpha_{i2}r_e)} Y_0(\alpha_{i2}r) \right]$

根据以上正交性，式(3-27)的系数可表示为式(3-29)。

$$
\begin{aligned}
C_{k,i} &= \frac{\displaystyle\int_{r_0}^{r_e} \int_0^H u(r,z,0)\left[J_0(\alpha_i r) - \dfrac{J_1(\alpha_i r_e)}{Y_1(\alpha_i r_e)} Y_0(\alpha_i r) \right] \sin(\sqrt{\mu_k}z) r \, dr \, dz}{\displaystyle\int_{r_w}^{r_0} \dfrac{H}{2} \dfrac{\left[J_0(\alpha_i r) Y_1(\alpha_i r_e) - Y_0(\alpha_i r) J_1(\alpha_i r_e) \right]^2}{J_1^2(\alpha_i r_e)} r \, dr} \\[4mm]
C_{k,0} &= \frac{\displaystyle\int_{r_0}^{r_e} \int_0^H u(r,z,0)\, r\sin(\sqrt{\mu_k}z) \, dr \, dz}{\displaystyle\int_{r_0}^{r_e} \int_0^H r\sin^2(\sqrt{\mu_k}z) \, dr \, dz}
\end{aligned}
\tag{3-29}
$$

由式(3-27)可定义研究区域的固结度，见式(3-30)。

$$U(t) = 1 - \frac{\displaystyle\int_{r_v}^{r_v} \int_0^H u(r,z,t) r \, dr \, dz}{\displaystyle\int_{r_v}^{r_0} \int_0^H u(r,z,0) r \, dr \, dz} \tag{3-30}$$

3.4.2 级数解与太沙基单向固结解的关系

根据上述正交性的分析，当$u(r,z,0) = u_0$为常数时：

$$\int_{r_0}^{r_0} \int_0^H u(r,z,0)\left[J_0(\alpha_i r) - \frac{J_1(\alpha_i r_e)}{Y_1(\alpha_i r_e)} Y_0(\alpha_i r) \right] \sin(\sqrt{\mu_k}z) r \, dr \, dz =$$

$$u_0 \int_{r_0}^{r_0} \int_0^H \left[J_0(\alpha_i r) - \frac{J_1(\alpha_i r_e)}{Y_1(\alpha_i r_e)} Y_0(\alpha_i r) \right] \sin(\sqrt{\mu_k}z) r \, dr \, dz = 0$$

所以，由式(3-29)知 $C_{k,i} = 0$，且：

$$C_{k,0} = \frac{\int_{r_0}^{r_e} \int_0^H u_0 r \sin(\sqrt{\mu_k}z) \, dr \, dz}{\int_{r_0}^{r_e} \int_0^H r \sin^2(\sqrt{\mu_k}z) \, dr \, dz} = \frac{4u_0}{\pi(2k-1)}$$

将 $C_{k,i}$、$C_{k,0}$ 代入式(3-27)，并令 $n = \dfrac{C_v}{C_h} = 1$，即可得太沙基单向固结公式：

$$u(r,z,t) = \sum_{k=1}^{\infty} \frac{4u_0}{\pi(2k-1)} \sin(\sqrt{\mu_k}z) e^{-\lambda_{k,0}C_h t} \tag{3-31}$$

由上述分析可知，当初始孔隙水压力为均匀分布时，式(3-27)可退化为单向固结问题的解，验证了本书解的合理性。

3.4.3　实例分析

上海某试桩资料[119]：试验用桩为一个边长 50cm 的混凝土方桩，桩体自重 125kN，入土深度 24.5m。桩群范围为 15m×15m，桩距 1.5m。成桩 409d 后的固结度为 92%。

取桩入土深度为计算深度，以层厚为权重加权平均的计算参数值如下：

$\gamma' = 7.97\text{kN}$；$E_s = 3.53 \times 10^3 \text{kN}$；$k_v = 1.30 \times 10^{-4}\text{m/d}$；

$k_h' = \dfrac{2}{3}k_h = 8.64 \times 10^{-4}\text{m/d}$；$\mu = 0.48$；$c_u = 12.4\text{kPa}$；

$C_v = \dfrac{(1+v)k_v E_s}{3(1-v)\gamma_w} = 0.0309\text{m}^2/\text{d}$；$C_h = \dfrac{(1+v)k_h' E_s}{3(1-v)\gamma_w} = 0.206\text{m}^2/\text{d}$；

几何参数：桩长 $H = 24.5\text{m}$；

$r_0 = \sqrt{\dfrac{0.5 \times 0.5}{\pi}} = 0.28\text{m}$；$r_e = \sqrt{\dfrac{1.5 \times 1.5}{\pi}} = 0.84\text{m}$；

初始条件确定：

桩距较小、沉桩速率较快时，桩群内超孔隙水压力瞬时可达（1.5～2）$\gamma'z$，甚至（3～4）$\gamma'z$，这是超孔隙水压力叠加的结果[117,119]。由于超孔隙水压力，导致土中竖向有效压应力等于 0，土中出现横向裂缝。裂缝致使超孔隙水压力迅速消散，导致裂缝重新闭合。考虑到裂缝分布的随机性，即横向裂缝一般不会贯通，应该考虑黏性土的黏聚力的影响，所以桩群内超孔隙水压力趋于一个稳定值 $\gamma'z + c$（即单位面积上覆土重加上土的黏聚力）。综上所述，可取初始条件为式(3-32)。

$$u(r,z,t)\big|_{t=0} = \gamma'z + c_u (r_0 \leqslant r \leqslant r_e) \tag{3-32}$$

式(3-32)与空间坐标 r（即径向坐标）无关，这种假设只适用于桩间距较小的群桩基础。对于桩间距较大的情况，水裂作用局限于紧靠基桩周围的局部区域，初始超静孔隙应力分布应与径向坐标有关，即桩间土的固结和径向渗透系数也有关。

结合式(3-27)、式(3-30)和式(3-32)和以上各计算参数进行计算。计算过程中，对工程实例的某个土性或几何参数进行调整，其他参数保持不变，可得图 3-16～图 3-19。由图可知，计算参数，特别是竖直向渗透系数对固结度影响很大，这是封闭环境下成桩后土体固结的特性。总体上看，各计算参数对固结度计算结果的影响都主要体现对固结系数的影响上。

由图 3-16～图 3-19 可知，在封闭环境的假设条件下，桩间土在 4500d 的固结度基本上达不到 92%，即其固结过程是非常漫长的，与实际成桩 409d 后的固结度为 92% 形成明显的对比。

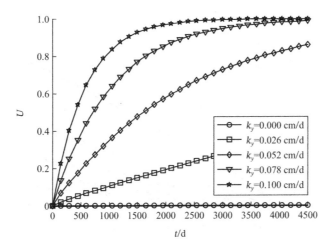

图 3-16　竖直方向渗透系数的变化对固结度的影响

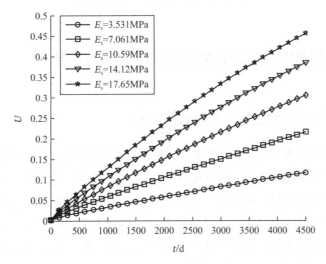

图 3-17　压缩模量的变化对固结度的影响

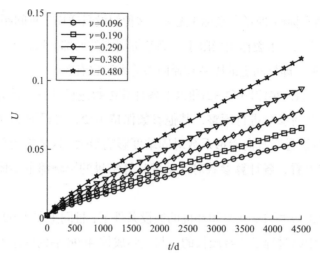

图 3-18　泊松比的变化对固结度的影响

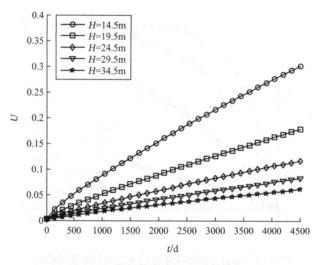

图 3-19　桩长的变化对固结度的影响

3.5　桩周土体初始超静孔隙水压力分析和应用

3.5.1　初始超静孔隙水压力分布问题的提出

　　静力压桩对周围土体产生挤压，在桩周和桩间土体中引起位移、应变和应力场，对于饱和土体还将在桩周和桩间产生超静孔隙水压力。对于实际的静压桩工程施工，超静孔隙水压力的消散过程或固结过程从沉桩开始时就应该开始，即超静孔压的产生和消散应该是同时进行的，但对于理论研究来说，现阶段尚无法同时考虑，通常的做法是把静压桩的施工过程分为沉桩过程和成桩后桩周土体的工程性质改变过程，这种假设对于渗透系数较小的饱和黏性土来说是合理的，对于砂土等渗透系数较大的土体是不合理的。

成桩后桩周土体的固结对于桩基础的工程性质有重要影响[119]，而桩周土体的固结过程除与土的固有性质以及边界条件有关外，还和初始超静孔隙压力分布密切相关，研究固结规律，首先需要研究成桩后桩周土体的初始超静孔隙压力分布。文献[75]应用小孔扩张理论分析桩周土中超孔隙水压力的分布及大小；施建勇[76]根据空间轴对称沉桩模型的理论解答和 Henkel 公式，得到成桩后桩周土体初始孔压分布的理论解；唐世栋等[77]通过对桩基施工过程中实测资料的分析，研究了沉桩时单桩周围土中产生的超孔隙水压力的大小、分布及影响范围。宰金珉等[78]引入深度参数，分析饱和软土中静压桩单桩引起的超静孔隙水压力。

上述研究可以应用于工程计算，具有较大的理论意义和工程意义，但也存在一些问题，如实际桩通常为有限长，桩周土体初始孔压不可能随深度的增加一直增加，在一定的深度处必然有衰减过程；桩尖处存在桩对土体的劈裂作用，这种作用使桩尖处存在拉应力，从而使桩尖处存在负超静孔隙压力，本书希望在这些方面能取得一些成果。

饱和土中沉桩挤土造成的超孔压分布与桩周土体的应力和应变场密切相关，是非常复杂的。本节以第 2 章的研究结果为基础，重点分析沉桩后桩周土体中的初始超静孔隙水压力分布规律。同时，结合 3.2.3 节的工程实例，对沉桩挤土的位移、应力、超静孔隙压力分布和消散的完整过程进行较为系统的研究和验证。

3.5.2　工程实例和计算参数

（1）土性参数和几何参数

参数取值同 3.2.3 节，浙江省某电厂的试桩[123]为一边长 45cm 的预制混凝土方桩，入土深度 30.9m。在打桩后第 10d、19d、31d、61d 和 91d 各进行了一次桩基承载力试验。以第 91d 的实测承载力值近似取作桩的最终承载力，可得实测承载力值和由承载力值换算得到的等效固结度值，如表 3-5 所示。各符号意义及 U_c 的计算方法见 3.2.3.1。

实测承载力值和等效固结度　　　　　　　　　　表 3-5

间歇期/d	0	10	19	31	61	91
实测值Q_t/kN	1000	3100	3740	4290	4500	4660
换算固结度U_c/%	0	57.38	74.86	89.89	95.63	100

土性参数取值如下：

$$\gamma = 18.0 \text{kN/m}^3;\quad C_v = C_h = (0.27\text{m}^2)/\text{d};\quad \mu = 0.25;$$
$$E = 10.5\text{MPa};\quad \varphi = 23°;\quad c_a = 11\text{kPa};\quad c_u = 20\text{kPa};\quad A = 0.85$$

几何参数：桩长 $H = 30.9\text{m}$；终孔半径 $R_0 = \sqrt{d^2/\pi} = 0.2539\text{m}$；初始小孔孔口半径 $r_0 = R_0/\sqrt{3} = 0.15\text{m}$；$\Delta u = r_0 = 0.15\text{m}$。

（2）本构模型参数

本算例的黏性土土性介于软黏土和硬黏土之间，根据文献[104]，本构模型参数为：破坏比$R_f = 0.8$；初始弹性模量$E_i = Kp_a\left(\frac{\sigma_3}{p_a}\right)^n$中，$K = 200$，$n = 0.5$；体积变形模量$K_t = K_b p_a\left(\frac{\sigma_3}{p_a}\right)^m$中，$K_b = 50$，$m = 0.5$。

3.5.3　沉桩挤土位移、应变和应力场

（1）求解步骤

按照问题的实际求解过程，以便于编程求解为原则，列出下述求解步骤（各变量和参数的意义见第2章）：

根据式(2-5)、式(2-6)和式(2-24)确定曲线族方程为式(3-33)。

$$f(z, r, z_0) = \frac{16z_0 r^2}{(4z_0 - 123)^2} - z_0 + z = 0 \tag{3-33}$$

当$z_0 = H = 30.9\text{m}$时，上式收敛到初始小孔边界曲线：

$$z = H\left(1 - \frac{r^2}{r_0^2}\right) = -\frac{4120}{3}r^2 + 30.9$$

根据式(2-25)可得曲线族的外法线方向余弦为式(3-34)。

$$\begin{cases} \cos\alpha = \dfrac{1}{\sqrt{\dfrac{1024z_0^2 r^2}{(4z_0 - 123)^4} + 1}} \\[4mm] \sin\alpha = \dfrac{32z_0 r}{(4z_0 - 123)^2 \sqrt{\dfrac{1024z_0^2 r^2}{(4z_0 - 123)^4} + 1}} \end{cases} \tag{3-34}$$

根据式(2-26)求$\Psi(z_0, \theta)$。

根据2.3.1节第6）条对积分上限的取值的分析，取z_0的积分上限$z_u - H = 120d = 60\text{m}$。

根据式(2-27)、式(2-28)和式(2-22)可得到本算例的位移的表达式(3-35)。其位移解中的待定系数为：$\{A_1, B_1\} = \{-11.0000, 20.9733\}$，对应的最小能量值为：$E_{\min} = 1.3648 \times 10^3\text{kJ}$。

$$\begin{cases} u_r = u_0\left(\dfrac{r_0}{z_0 - H + r_0}\sin\alpha\right)\left[1 - 11.0\left(1 - \dfrac{H}{z_0}\right)\right] \\[4mm] w = u_0\left(\dfrac{r_0}{z_0 - H + r_0}\cos\alpha\right)\left[1 + 21.0\left(1 - \dfrac{H}{z_0}\right)\right] \end{cases} \tag{3-35}$$

根据式(3-35)、式(2-8)和式(2-30)可得应变和应力表达式（共8个算式），由于算式复杂，此处不列出显式。

（2）应变和应力等值线

由于应变和应力的计算式较为复杂，不易化简和看出其分布规律，本节用应力等值线直观表现应力计算结果，如图3-20~图3-23所示。由于后续计算中没有直接用到应变计算结果，所以本节不列出应变等值线图。

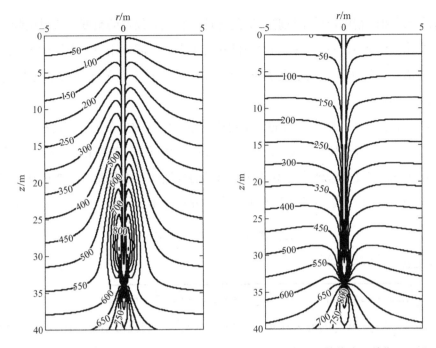

图 3-20　侧向应力等值线（单位：kPa）　图 3-21　环向应力等值线（单位：kPa）

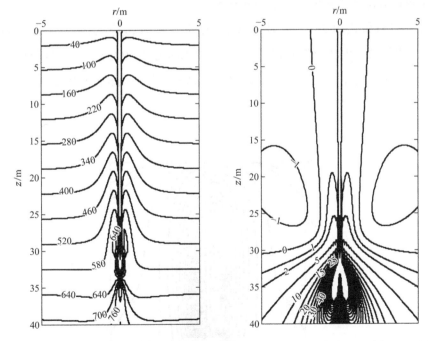

图 3-22　竖向应力等值线（单位：kPa）　图 3-23　剪切应力等值线（单位：kPa）

3.5.4　沉桩挤土引起的超静孔压分布

（1）基于本书应力解的孔压分布规律

压桩引起的桩周土体超静孔隙压力分布规律研究主要有理论分析和现场试验两种方

法。现场试验结果的精度依赖于试验方法的合理性和试验仪器的精度，所得试验数据和分析结果的适用范围较小，对于不同场地条件和岩土类型，需要相应的现场试验。理论分析结果合理性依赖于所采用的分析原理的合理性。当前对于孔隙水压力的分析通常采用 Henkel 公式(3-36)[76]。

根据 Henkel 公式，孔隙水压力的分布规律与应力增量的分布规律密切相关，应力增量计算的准确性决定了计算所得孔隙水压力的准确性。相反，计算所得超静孔隙水压力的合理性，也可以一定程度上验证应力增量计算结果的合理性。本节使用第 2 章基于变分法得到的桩孔扩张问题的应力解分析超静孔隙压力的分布规律。

$$u_{\text{theory}}(r, z) = \beta \Delta\sigma_0 + \alpha_f \Delta\tau_0 \tag{3-36}$$

式中：$\Delta\sigma_0 = \frac{\Delta\sigma_r + \Delta\sigma_\theta + \Delta\sigma_z}{3}$；

$\Delta\tau_0 = \sqrt{(\Delta\sigma_r - \Delta\sigma_\theta)^2 + (\Delta\sigma_\theta - \Delta\sigma_z)^2 + (\Delta\sigma_z - \Delta\sigma_r)^2 + 6\Delta\tau_{rz}^2}$；

$\Delta\sigma_r$，$\Delta\sigma_\theta$，$\Delta\sigma_z$，$\Delta\tau_{rz}$ 为静力压桩引起的桩周土体中的应力增量，由式(2-15)确定；

$\alpha_f = \frac{\sqrt{2}}{2(3A-1)}$；$A$ 为 Skempton 孔压参数，取值同式(3-10)；

β 为 Henkel 孔隙压力系数，对于饱和黏土 $\beta = 1$。

根据式(2-15)和式(3-36)，可计算得到压桩引起的超静孔隙水压力分布等值线（图 3-24）。由图 3-24 可知，桩身段初始超静孔隙水压力在 10 倍桩径处仍然有部分区域超过 15kPa，可见黏性土中沉桩挤土产生的超静孔隙压力在工程设计和施工过程中都是不可忽略的。

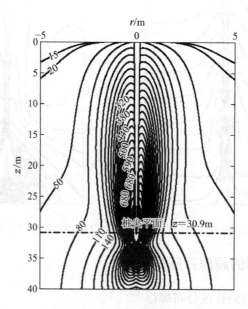

图 3-24　超静孔隙水压力分布等值线（单位：kPa）

由于桩尖处产生负孔压，且孔压梯度很大，图 3-24 无法清晰体现桩尖处的负孔压分布，本书进一步应用彩色孔压分布图描述计算结果的负孔压分布规律，如图 3-25 所示。

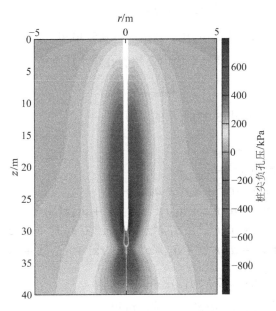

图 3-25　静力压桩桩尖负孔压分布规律

由图 3-24 和图 3-25 可得：

在 0～20m 深度范围内，孔压随深度的增加而增加，随径向距离的增加而减小。

在 20～30.9m 深度范围内，紧靠桩壁处孔压先增大后减小，在离桩壁约 1m 处以外区域孔压随深度变化不大，随径向坐标的增大而减小。

在 30.9m 以下，即桩尖平面以下区域，采用本节解则桩尖以下小范围内出现很大的负孔压，负孔压以外区域孔压仍为正，但随深度的继续增加趋于零。超静孔压的延伸深度可达桩尖以下 10m。

超静孔隙水压力不可能随深度的增加而不断增加，在桩尖平面以下一定深度超孔压必趋于零，这反映了本章解的合理性。同时，为提高挤土桩沉桩施工效率，桩尖通常是半椭球形或尖锥形的，所以桩尖以下的对称轴上，桩对土体作用为挤压和劈裂，由于劈裂作用，桩尖以下小范围内出现径向和环向的双向拉应变，从而引起负孔压。

现有的研究和试验资料也表明桩尖处存在负孔压[71]。由于通常情况下桩尖总是深埋于地下，饱和土体可能由于桩的劈裂作用在桩尖处产生较大的瞬时的负孔压，但图 3-25 中负孔压达 1000kPa，是否符合实际有待进一步的理论和试验研究验证。

（2）超静孔压分布简化和算例验证

式(3-36)表示沉桩挤土造成的桩周土体中超静孔隙水压力的分布规律。对于空间问题，挤土造成的桩周土体的附加应力和超静孔隙水压力表达式是非常复杂的，且式子中含有参数z_0，不易积分或应用于固结计算。此外，与 3.2 节的计算程序函数的接口不符合，所以本书应用最小二乘法对式(3-36)进行拟合，得到不含参数z_0的多项式形式的孔压分布表达式。

首先对研究区域，即桩尖平面以上区域进行离散，令：

$$\{r_i\} = \{0.13:0.05:8\} \quad i = 1,2,\cdots,n_r, \quad \{z_j\} = \{0:0.5:30.9\} \quad j = 1,2,\cdots,n_z$$

将(r_i, z_j)代入式(3-36)可求得rz平面内，超静孔隙水压力值矩阵，$n_r \times n_z$阶矩阵：

$$U_{\text{theory}} = \{u_{ij}\}$$

设超静孔隙水压力满足式(3-37)所示的多项式。

$$
\begin{aligned}
u_{\text{least}}(r,z) = {} & a_0 + a_1 r + a_2 z + \\
& a_3 rz + a_4 r^2 + a_5 z^2 + \\
& a_6 r^2 z + a_7 rz^2 + a_8 r^3 + a_9 z^3 + \\
& a_{10} r^2 z^2 + a_{11} r^3 z + a_{12} rz^3 + a_{13} z^4 + a_{14} z^4 + \\
& a_{15} r^3 z^2 + a_{16} r^2 z^3 + a_{17} r^4 z + a_{18} rz^4 + a_{19} r^5 + a_{20} z^5 + \\
& a_{21} r^3 z^3 + a_{22} r^4 z^2 + a_{23} r^2 z^4 + a_{24} rz^5 + a_{25} r^5 z + a_{26} r^6 + a_{27} z^6
\end{aligned}
\tag{3-37}
$$

式中：$\{a_i\}$（$i = 0,1,2,\cdots,27$）为待定系数。

根据数据$\{r_i\}$，$\{z_j\}$，$\{u_{ij}\}$，由最小二乘法可得：

$\{a_i\} = \{1.9728 \times 10 \quad 1.6269 \times 10^2 \quad 4.4315 \times 10 \quad -2.5310 \times 10 \quad -1.7877 \times 10^2$

$-1.5531 \times 10^0 \quad 1.1459 \times 10 \quad -9.2917 \times 10^{-1} \quad 6.9499 \times 10^1 \quad 1.6525 \times 10^{-1}$

$4.6288 \times 10^{-1} \quad -3.2256 \times 100 \quad -2.3164 \times 10^{-3} \quad -1.2482 \times 10^1 \quad -7.8518 \times 10^{-3}$

$-5.9592 \times 10^{-2} \quad -5.0791 \times 10^{-3} \quad 4.2336 \times 10^{-1} \quad 6.3395 \times 10^{-4} \quad 1.0517 \times 10^0$

$1.7231 \times 10^{-4} \quad 6.8798 \times 10^{-4} \quad 1.9037 \times 10^{-3} \quad -7.9971 \times 10^{-5} \quad 2.4028 \times 10^{-6}$

$-1.9739 \times 10^{-2} \quad -3.3565 \times 10^{-2} \quad -1.8941 \times 10^{-6}\}$

最小二乘法拟合的方均根误差为：

$$\Delta\text{err} = \sqrt{\frac{\sum_{i=1}^{n_T} \sum_{j=1}^{n_z} \left[u_{\text{theory}}(r_i, z_j) - u_{\text{least}}(r_i, z_j)\right]^2}{n_r \times n_z}} = 11\text{kPa}$$

根据式(3-37)可得超静孔隙水压力等值线图 3-26，图 3-26 描述桩尖平面以上区域的孔隙水压力分布，比较图 3-26 和图 3-24 可知，最小二乘法的拟合效果较好，可以满足工程计算要求。

由图 3-25 知，桩尖附近负孔压量值很大，但分布的范围很小。桩尖平面以下，负孔压区域周围的正孔压分布范围较大，但其量值也较小。综合考虑桩尖平面以下区域的孔压分布范围和大小以及正负孔压的互相抵消作用，仅考虑桩尖平面以上土体的超孔隙压力消散和固结的处理方法是比较合理的。

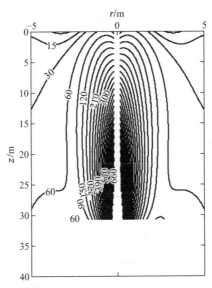

图 3-26　最小二乘法拟合多项式超静孔隙水压力等值线（单位：kPa）

　　基于上述分析，本小节固结计算中，仍然只考虑桩尖平面以上土体的超静孔隙水压力消散，以式(3-37)的孔压分布为初始超静孔隙水压力，利用研究区域的平均固结度求解式(3-8)、式(3-9)进行计算，并将计算结果与实测承载力换算的等效固结度对比，见图 3-27。计算过程中，须将式(3-36)的超静孔隙水压力分布由初始位置换算到扩孔后的位置。

　　比较分析图 3-27 和图 3-2 可知：以式(3-37)为初始超静孔隙水压力计算的固结度随时间变化曲线符合承载力换算值，特别在 10～40d 的拐弯段，基本上重合，且其他换算固结度值的点也基本上位于级数计算结果曲线上。

　　图 3-27 说明，第 2 章基于桩孔扩张法的应力解、本节基于 Henkel 公式的初始孔压计算结果和 3.2 节的桩周土体固结的级数解总体上都是合理的，可应用于工程中相关问题的估算，或作为进一步理论研究的基础。

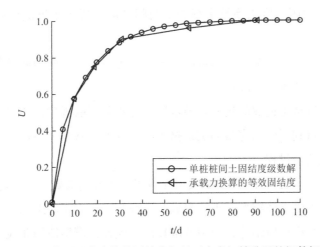

图 3-27　实测承载力换算固结度与基于本书初始孔压的级数解

3.6 结 论

本章给出了饱和软土中静力压桩扩孔引起的，单桩桩周和群桩桩间正交各向异性土体固结问题的级数解，根据不同的固结边界条件和初始条件，主要对以下四个问题展开研究：

（1）单桩桩周土体固结的空间轴对称问题的级数解。

（2）通过对实际群桩超孔压消散问题进行简化，初步研究群桩桩间土体，超静孔隙水压力的消散的级数解。

（3）封闭环境中群桩基础桩间土体固结解。

（4）综合考虑第 2 章的位移变分法得到的应力场，以及第 3 章的桩周土体固结级数解，重点分析成桩后桩周土体中的初始超静孔隙水压力分布规律。同时，结合 3.2.3 节的工程实例，对沉桩挤土的位移、应力场、超静孔隙压力分布规律和消散的完整过程进行较为系统的研究和验证。

本章解答具有如下理论和工程意义：

根据以上解，只要编制简单的计算程序就能够有效计算和预测成桩后，桩周土体中任一位置任一时刻的超静孔隙水压力和固结度，从而较有效地分析沉桩挤土对桩间土体的工程性质和周围环境影响的时间特性，并根据计算结果估计从桩体施工到静载试验的时间间隔、施工工期和从桩基施工结束到桩基承受工作外载的合理时间间隔。

通过分析计算结果相对于计算参数的敏感性，还可以对实测计算参数的精度提出明确的要求，为现场或室内试验提供标准或依据。

超静孔隙水压力和固结度可进一步用于计算饱和软土中随时间变化的桩的承载力，特别是对于群桩基础的承载力时效的定量确定，在实际工程中是很难用试验来实现的，所以通过计算群桩基础的固结度来换算承载力的时间效应，提供了解决该问题的较为有效的办法。

本章解是针对初始条件为任意函数的一般解，可应用于不同地质条件和工程规模的静压桩沉桩挤土计算，适用范围较广。

本章除研究沉桩挤土造成的超静孔隙水压力分布和消散规律，还将第 2 章和第 3 章结合成有机的整体，得到了较为完整的沉桩挤土问题的解，基本上包括了沉桩挤土和挤土后土体工程性状变化的全过程。

由于得到的为理论解，只要得到必要的土性参数和几何参数，就可以对问题进行求解。所以，其应用范围不受土体类型、土性参数和工程规模等因素的限制，可以针对不同工况的工程问题计算并得出相应结论，应用范围较广。此外，模型使用非线性弹性模型，需要确定的参数较少且较容易确定，比较容易应用于指导静压桩工程设计和施工。

本章解的工程适用范围或其局限性：

主要研究超静孔隙水压力消散规律和由此引起的土体固结问题，没有考虑土体触变性对承载力的影响，具有一定的局限性。

在边界条件中假设桩尖平面为竖向隔水边界，对于桩尖以下为透水性低的岩石或硬黏土，这种假定是合理的。当桩尖持力层为砂土等透水性较强的土层时，虽然考虑了桩尖负孔压的影响，这种假定仍然比较粗糙。

本章单桩和群桩的级数解的推导不对初始条件做限制，初始条件可以是任意可积的连续或分段函数。但在实际计算中，初始条件必须是确定的函数。本章只对单桩扩孔问题的初始超孔压分布做初步的研究，而对群桩问题只是依据现有的研究资料，结合单桩研究成果近似确定初始超孔压分布函数。

第 **4** 章

非轴对称圆孔扩张和沉桩挤土作用研究

4.1 概 述

在城市建设中，特别是在密集的建筑群中间沉桩施工时，常由于挤土问题对周围环境造成很大的影响与破坏[124]，研究沉桩挤土效应的方法较多[4,125]，包括圆孔扩张理论、应变路径法、有限元分析、滑移线理论和模型槽试验等方法，但研究大多都限于轴对称问题。

实际中工程项目的桩基础所处的环境通常是非轴对称的，有必要研究非轴对称边界条件下的桩土作用机理，来验证基于轴对称理论所设计的基础工程的合理性。

挤土桩设计和施工中通常存在下述问题：

为避免沉桩对周围环境（包括地下管道、已有建筑物的基础、道路等）的影响，而在施工场地和已有建（构）筑物之间修隔离墙、开挖隔离槽、设置应力释放孔和预钻孔等，形成非轴对称的边界条件。

施工场地本来存在非轴对称的边界条件，如场地靠近边坡或场地的地质条件突变等天然存在的非轴对称问题。

现阶段对上述问题的分析与采用的解决方法基本上是经验性的[124]，缺少严密的理论解。

本章探讨非轴对称边界条件下，小孔扩张问题的应力场和位移场，努力为解决以上问题提供依据。由文献[32,126-127]可知，对于一维的柱孔和球孔问题，一般是先求得问题的弹性解。然后，以弹性解为基础，通过确定弹塑性边界位置和运用弹塑性边界的连续性条件，求得非弹性区域的解。然而，对于非轴对称边界问题，弹性解和弹塑性边界位置通常难以确定，本章对该问题进行探索，希望获得某些非对称边界条件下的某些解。

4.2　坐标变换和位移场的求解

4.2.1　坐标变换和非轴对称扩孔模型

对非轴对称边界的问题，常用的解决方法是使用线弹性叠加原理[128-129]，利用轴对称扩张问题的解进行叠加，包括对称叠加和反对称叠加两种，其边界位移满足图 4-1（a）、（b）箭头所示的形式。

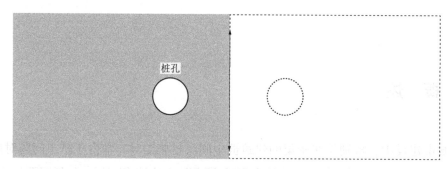

(a) 对称叠加边界位移形式

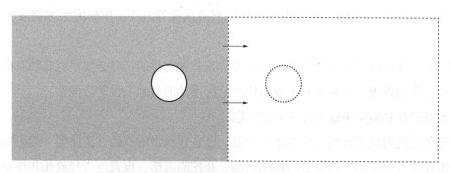

(b) 反对称叠加边界位移形式

(c) 双极坐标表达的零边界位移形式

图 4-1　圆孔扩张问题的对称叠加、反对称叠加和零边界位移法

在实际应用中，为保证边界处位移为特定值或零位移，需要在图 4-1（a）、（b）边界上进一步叠加应力或位移项，而叠加边界位移或应力项通常使问题的求解比原问题更加复杂，或根本不可能求解。在扩孔模型中直接假设直线边界处位移为 0，如图 4-1（c）所示，并对该模型展开研究。

根据文献[35]中介绍的双极坐标，对所研究的半平面进行坐标变换，如图 4-2 所示，在半无限平面内有一小孔（平面应变问题），半径为 r_k，孔心与直线边界的距离为 d。O_1 为双极坐标中心，$a = OO_1$，曲线坐标 (ξ, η) 与直角坐标 (x, y) 变换关系如式(4-1)。

曲线坐标 (ξ, η) 与直角坐标 (x, y) 变换关系如式(4-1)。

$$z = ia \coth \frac{z}{2} \tag{4-1}$$

式中：$z = x + yi$，$z = x + hi$；

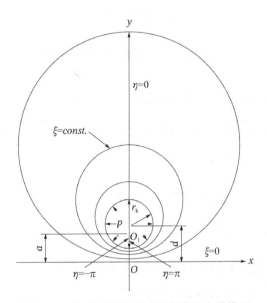

图 4-2　双极坐标平面上小孔扩张的力学模型

根据式(4-1)和图 4-3 可得直角坐标、极坐标和双极坐标关系式(4-2)、式(4-3)。（直角坐标、极坐标的相互关系和正方向的规定如图 4-3 所示）

$$\begin{cases} x = r \cos \theta \\ y = d + r \sin \theta \end{cases} \tag{4-2}$$

$$\begin{cases} x = \dfrac{a \sin \eta}{\cosh \xi - \cos \eta} \\ y = \dfrac{a \, \mathrm{sh} \, \xi}{\cosh \xi - \cos \eta} \end{cases} \tag{4-3}$$

式中：(x, y) 为直角坐标，(r, θ) 为极坐标，(ξ, η) 为双极坐标。

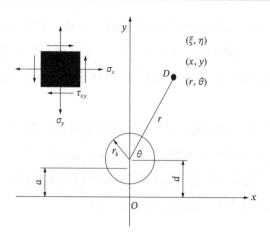

图 4-3　平面上任一点 D 的坐标

根据双极坐标变换特征，平面上任意点的 ξ 坐标值可表示为式(4-4)。

$$\xi = a \sinh \frac{a}{r_\xi} \tag{4-4}$$

式中：a 为极坐标中心到直角坐标原点的距离，且 $a = \sqrt{d^2 - r_k^2}$；r_ξ 为 ξ 坐标所代表的圆的半径。

特别，对于孔壁的 ξ 坐标值为：$\xi_k = \mathrm{asinh}\frac{a}{r_k}$，$r_k$ 为小孔的半径，且 $a = \sqrt{d^2 - r_k^2}$。r_k 为任意有限值，由 $a = \sqrt{d^2 - r_k^2}$ 知：当 $d \to \infty$ 时，$a = \sqrt{d^2 - r_k^2} \to \infty$。

对式(4-3)进行变换可得式(4-5)：

$$\begin{cases} \xi = \dfrac{\ln T_1}{a^2 - 2ay + x^2 + y^2} \\ \eta = \arctan\left(\dfrac{2xa}{T_1}, \dfrac{x^2 + y^2 - a^2}{T_1}\right) \end{cases} \tag{4-5}$$

式中：$T_1 = \sqrt{(a^2 - 2ay + x^2 + y^2)(a^2 + 2ay + x^2 + y^2)}$；

$\arctan(x, y)$ 表示值域为 $[0, 2\pi]$ 的反正切函数。

4.2.2　位移场的求解

圆孔扩张过程中，桩孔边界的位移总可以分解为径向扩张 u_{kr} 和水平平移 u_{ky}，如图 4-4 示，其中 u_{kr} 可分解为 (u_{krx}, u_{kry})，即分解为 x 方向和 y 方向位移。所以小孔扩张过程必须满足的边界条件为：

$$\begin{cases} u_\xi|_{\xi=0} = 0, \ u_\eta|_{\xi=0} = 0 \\ u_x|_{\xi=\xi_k} = u_{krx}, \ u_y|_{\xi=\xi_k} = u_{kry} + u_{ky} \end{cases} \tag{4-6}$$

式中：$\xi = 0$ 为无穷远处和直线边界组成的无穷大圆边界的 ξ 值；$\xi = \xi_k$ 为孔壁边界的 ξ 值。

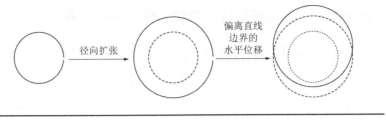

图 4-4　桩孔边界的位移

根据上述对 ξ 坐标的分析和边界条件的设定，得圆孔扩张问题的位移表达式(4-7)，式(4-7)满足上述位移边界条件。

$$u_{\xi r} = u_{kr}\left(\frac{\xi}{\xi_k}\right)^{k\ln\left(\frac{5}{2}d\right)} , \quad u_{\xi y} = u_{ky}\left(\frac{\xi}{\xi_k}\right)^{k\ln\left(\frac{5}{2}d\right)} \tag{4-7}$$

式中：u_{kr} 为孔壁径向扩张值；u_{ky} 为孔壁 y 方向平移值；ξ_k 为孔壁的 ξ 坐标；k 为待定参数，其值由 $d\to\infty$ 时位移、应力收敛于平面轴对称问题的条件确定。

联立式(4-5)和式(4-7)得 (x, y) 表示的 ξ 向位移和 y 方向平移的表达式(4-8)。

$$\begin{cases} u_{\xi_r} = u_{kr}\left(\dfrac{\ln\dfrac{T_1}{a^2 - 2ay + x^2 + y^2}}{\xi_k}\right)^{k\ln\left(\frac{5}{2}d\right)} \\[6mm] u_{\xi_y} = u_{ky}\left(\dfrac{\ln\dfrac{T_1}{a^2 - 2ay + x^2 + y^2}}{\xi_k}\right)^{k\ln\left(\frac{5}{2}d\right)} \end{cases} \tag{4-8}$$

为得到 (x, y) 平面内的位移场 (u_x, u_y) 的表达式，首先推得 $\xi = Const.$ 曲线的外法线方位角，式(4-9)。

$$\alpha = \arctan\left(-\frac{\partial\xi}{\partial y}, -\frac{\partial\xi}{\partial x}\right) = \arctan\left[\frac{2(y^2 - x^2 - a^2)}{T_1^2}, \frac{4xy}{T_1^2}\right] \tag{4-9}$$

由式(4-8)和式(4-9)可得 (u_x, u_y)，式(4-10)。

$$\begin{cases} u_x = u_{\xi_r}\cos\alpha = \dfrac{2u_{kr}xy}{T_1}\left(\dfrac{\ln\dfrac{T_1}{a^2 - 2ay + x^2 + y^2}}{\xi_k}\right)^{k\ln\left(\frac{5}{2}d\right)} \\[6mm] u_y = u_{\xi_r}\sin\alpha + u_{\xi_y} \\[4mm] \quad = \left[u_{ky} - u_{kr}\dfrac{(a^2 + x^2 - y^2)}{T_1}\right]\left(\dfrac{\ln\dfrac{T_1}{a^2 - 2ay + x^2 + y^2}}{\xi_k}\right)^{k\ln\left(\frac{5}{2}d\right)} \end{cases} \tag{4-10}$$

4.2.3　非轴对称扩孔位移解和轴对称扩孔位移解的关系

上述位移场式(4-10)满足所有的位移边界条件，但并不严格满足所有的微分方程，所以需要进一步分析其合理性，并确定参数k。从图 4-2 可知，当$d \to \infty$时，直线边界位于离小孔无穷远处，问题退化为无限平面内的圆孔扩张问题。相应地，上述非对称问题位移解也应该退化为轴对称问题的解，即$d \to \infty$时，式(4-10)应收敛于轴对称问题的解。

空间轴对称问题的表达式通常用极坐标表示，而式(4-10)是基于直角坐标的，所以必须通过下述步骤得到式(4-10)的极坐标表达式：

将式(4-10)中的(x, y)用$(r\cos\theta, d + r\sin\theta)$替换。

将式(4-10)中a用$\sqrt{d^2 - r_k{}^2}$替换。

对经过上述替换后的式(4-10)进行坐标变换（把直角坐标位移转换为极坐标位移），可得极坐标下的位移场表达式(4-11)。

$$\begin{cases} u_r = u_x \cos(\theta) + u_y \sin(\theta) \\ u_\theta = u_y \cos(\theta) - u_x \sin(\theta) \end{cases} \tag{4-11}$$

对式(4-11)，考虑到$\lim\limits_{d \to \infty} u_{ky} = 0$的条件，可得式(4-12)

$$\begin{cases} u_r = u_{kr} \dfrac{r_k{}^2 \sin\theta + 2dr + r^2 \sin\theta}{T_2} \left(\dfrac{\ln \frac{T_2}{T_3}}{\mathrm{asinh} \frac{\sqrt{d^2 - r_k{}^2}}{r_k}} \right)^{k \ln\left(\frac{5}{2}d\right)} \\[4mm] u_\theta = u_{kr} \dfrac{(r_k{}^2 - r^2) \cos\theta}{T_2} \left(\dfrac{\ln \frac{T_2}{T_3}}{\mathrm{asinh} \frac{\sqrt{d^2 - r_k{}^2}}{r_k}} \right)^{k \ln\left(\frac{5}{2}d\right)} \end{cases} \tag{4-12}$$

式中：

$$T_2 = \sqrt{-4r_k{}^2 r^2 \cos^2\theta + r_k{}^4 + 4dr_k{}^2 r \sin\theta + 2r_k{}^2 r^2 + 4d^2 r^2 + 4dr^3 \sin\theta + r^4}$$

$$T_3 = 2d^2 - r_k{}^2 - 2(d + r\sin\theta)\sqrt{d^2 - r_k{}^2} + 2dr\sin\theta + r^2$$

由式(4-12)求极限可得式(4-13)

$$\begin{cases} \lim\limits_{d \to \infty} u_r = \dfrac{u_{kr} r_k{}^k}{r^k} \\ \lim\limits_{d \to \infty} u_\theta = 0 \end{cases} \tag{4-13}$$

式(4-13)只要取$k = 1$，可得轴对称小孔扩张的位移解式(4-14)。

$$\begin{cases} u_r = \dfrac{u_{kr}r_k}{r} \\ u_\theta = 0 \end{cases} \tag{4-14}$$

上述分析说明，当 $k=1$ 且小孔离直线边界的距离趋于无穷大时，非轴对称边界条件下的位移场式(4-12)退化为轴对称问题的解式(4-14)，说明推导得到非轴对称问题的位移场具有一定的合理性。

4.3　应力场求解和分析

4.3.1　应力场的求解

根据以上位移场的解答式(4-10)，以及位移应变的几何关系和物理方程式(4-15)，容易得到问题的应力场式(4-16)。

$$\begin{pmatrix} \sigma_x \\ \sigma_y \\ \tau_{xy} \end{pmatrix} = A^{-1}\begin{pmatrix} \dfrac{\partial u}{\partial x} & \dfrac{\partial v}{\partial y} & \dfrac{\partial u}{\partial y}+\dfrac{\partial v}{\partial x} \end{pmatrix}^{\mathrm{T}} \tag{4-15}$$

$$\begin{cases} \sigma_x = \dfrac{2E(T_{10}+T_{11}+T_{12}+T_{13})}{(1+\nu)(2\nu-1)T_1{}^3 T_5}\left(\dfrac{\ln\dfrac{T_2}{T_3}}{\mathrm{asinh}\dfrac{\sqrt{d^2-r_k{}^2}}{r_k}}\right)^{k\ln\left(\frac{5}{2}d\right)} \\[3em] \sigma_y = \dfrac{-2E(T_{14}+T_{15}+T_{16}+T_{17})}{(1+\nu)(2\nu-1)T_1{}^3 T_5}\left(\dfrac{\ln\dfrac{T_2}{T_3}}{\mathrm{asinh}\dfrac{\sqrt{d^2-r_k{}^2}}{r_k}}\right)^{k\ln\left(\frac{5}{2}d\right)} \\[3em] \tau_{xy} = \dfrac{E_x(T_{18}+T_{19}+T_{20})}{(1+\nu)T_1{}^3 T_5}\left(\dfrac{\ln\dfrac{T_2}{T_3}}{\mathrm{asinh}\dfrac{\sqrt{d^2-r_k{}^2}}{r_k}}\right)^{k\ln\left(\frac{5}{2}d\right)} \end{cases} \tag{4-16}$$

式中：$T_4 = a^2 - 2ay + x^2 + y^2$；$T_5 = \ln\dfrac{T_1}{T_4}$；$T_6 = k\ln\left(\dfrac{5}{2}d\right)$；

$T_{10} = u_{kr}x^4[y(1-3\nu)T_5 + \nu a T_6]$；

$T_{11} = x^2\big[2\nu u_{kr}(a^3 T_6 - ya^2 T_5 - y^3 T_5) - \nu u_{ky}aT_1 T_6 + y^2 u_{kr}aT_6(4-6\nu)\big]$；

$T_{12} = u_{kr}T_5(1-\nu)[-y^5 + 2y^3 a^2 - ya^4]$；

$$T_{13} = T_6\nu\left[u_{kr}(a^5 - 2y^2a^3 + y^4a) + u_{ky}T_1(ay^2 - a^3)\right];$$

$$T_{14} = u_{kr}x^4\left[aT_6(\nu - 1) + yT_5(2 - 3\nu)\right];$$

$$T_{15} = x^2\left[u_{kr}T_6(2(\nu - 1)a^3 + (2 - 6\nu)y^2a) + 2u_{kr}T_5(1 - \nu)(ya^2 + y^3) + u_{ky}aT_1T_6(1 - \nu)\right]$$

$$T_{16} = u_{kr}\left[T_6(1 - \nu)(2y^2a^3 - a^5 - y^4a) + T_5\nu(y^5 + ya^4 - 2y^3a^2)\right];$$

$$T_{17} = u_{ky}T_6\nu(T_1y^2a - T_1a^3 - 2y^2a^3); \quad T_{18} = u_{kr}x^4T_5;$$

$$T_{19} = u_{kr}x^2(-2y^2T_5 + 2a^2T_5 + 4yaT_6);$$

$$T_{20} = u_{kr}(-3y^4T_5 - 4y^3aT_6 + 2y^2a^2T_5 + 4ya^3T_6 + a^4T_5) - 2u_{ky}yaT_1T_6$$

4.3.2　非轴对称扩孔应力解和轴对称扩孔应力解的关系

上述通过简单的求导运算，从位移解式(4-10)得到问题的应力的解答式(4-16)，上述位移场式(4-10)满足所有的位移边界条件，但并不严格满足所有的微分方程，所以式(4-16)不严格满足平衡方程，需要进一步分析其合理性。从图 4-2 可知，当$d \to \infty$时，直线边界位于离小孔无穷远处，问题退化为无限平面内的圆孔扩张问题。相应地，上述非对称问题应力解也应该退化为轴对称问题的解，即$d \to \infty$时，式(4-16)应收敛于轴对称问题的解。

空间轴对称问题的应力解通常用极坐标表示，而式(4-16)基于直角坐标，所以必须通过下述步骤得到式(4-16)的极坐标表达式：

将式(4-16)中的(x, y)用$(r\cos\theta, d + r\sin\theta)$替换。

将式(4-16)中a用$\sqrt{d^2 - r_k^2}$替换。

对经过上述替换后的式(4-16)进行坐标变换（把直角坐标应力转换为极坐标应力），可得极坐标下的应力表达式(4-17)。

$$\begin{cases} \sigma_r = \sigma_x\cos^2\theta + \sigma_y\sin^2\theta + 2\tau_{xy}\cos\theta\sin\theta \\ \sigma_\theta = \sigma_y\cos^2\theta + \sigma_x\sin^2\theta - 2\tau_{xy}\cos\theta\sin\theta \\ \tau_{r\theta} = (\sigma_y - \sigma_x)\cos\theta\sin\theta + \tau_{xy}(\cos^2\theta - \sin^2\theta) \end{cases} \tag{4-17}$$

对式(4-17)求极限可得式(4-18)，本书借助 Matlab 符号工具箱求式(4-17)的极限。

$$\begin{cases} \lim_{d \to \infty} \sigma_r = \dfrac{-(\nu k + \nu - k)}{(2\nu - 1)(1 + \nu)}\left(\dfrac{r_k}{r}\right)^k\dfrac{Eu_{kr}}{r} \\ \lim_{d \to \infty} \sigma_\theta = \dfrac{\nu k + \nu - 1}{(2\nu - 1)(1 + \nu)}\left(\dfrac{r_k}{r}\right)^k\dfrac{Eu_{kr}}{r} \\ \lim_{d \to \infty} \tau_{r\theta} = 0 \end{cases} \tag{4-18}$$

对式(4-18)取 $k = 1$ 可得轴对称小孔扩张的应力解式(4-19)。

$$\begin{cases} \sigma_r = -\dfrac{Er_k u_{kr}}{(1+\nu)r^2} \\[2mm] \sigma_\theta = \dfrac{Er_k u_{kr}}{(1+\nu)r^2} \\[2mm] \tau_{r\theta} = 0 \end{cases} \tag{4-19}$$

上述分析说明，当 $k = 1$ 且小孔离直线边界的距离趋于无穷大时，非轴对称边界条件下的应力式(4-16)退化为轴对称问题的求解式(4-19)，说明本书推导得到非轴对称问题的应力场具有一定的合理性。

4.4 算例分析

4.4.1 u_{kr} 与 u_{ky} 关系分析

从图 4-2 可知，当 $d \to \infty$ 时，直线边界位于离小孔无穷远处，问题退化为无限平面内的圆孔扩张问题，即非轴对称问题退化为轴对称问题，而对于轴对称问题，只有径向扩张位移，没有水平平移，即应该满足：

$$\lim_{d \to \infty} u_{ky} = 0$$

在圆孔非轴对称扩张过程中，很显然 u_{kr} 与 u_{ky} 并不是相互独立的，在其他条件相同的情况下，u_{kr} 值越大则 u_{ky} 值也应该越大，d 越大则 k_u 越小，它们之间的关系可表示为式 (4-20)。

$$k_u = \frac{u_{ky}}{u_{kr}} = f(d, r_k) \tag{4-20}$$

为得到以上关系式，必须考虑孔壁对桩的作用力平衡的条件，根据式(4-17)可得孔壁的径向应力为 $\sigma_{rk} = \sigma_r|_{r=r_k}$，切向应力为 $\tau_{r\theta k} = \tau_{r\theta}|_{r=r_k}$，所以平衡条件可表示为式(4-21)。

$$\int_{-\frac{\pi}{2}}^{\frac{\pi}{2}} r_k(\sigma_{rk} \sin\theta + \tau_{r\theta k} \cos\theta)\, d\theta = 0 \tag{4-21}$$

通过对式(4-21)进行积分得到式(4-20)中 $f(d)$ 的显式表达式，由于式子复杂，难以直接积分，本章首先把式(4-21)变换为式(4-22)的形式，然后用 Matlab 的 Symsum 函数计算。

$$\sum_{m=-\frac{n}{2}}^{\frac{n}{2}-1} r_k \frac{\pi}{n} \left[\sigma_m \sin\left(\frac{\pi(m+1/2)}{n}\right) + \tau_m \cos\left(\frac{\pi(m+1/2)}{n}\right) \right] = 0 \tag{4-22}$$

式中：$\sigma_m = \sigma_{rk}|_{\theta = \frac{\pi(m+1/2)}{n}}$；$\tau_m = \tau_{r\theta k}|_{\theta = \frac{\pi(m+1/2)}{n}}$；$n$为正整数，$n$取值越大，计算结果越精确。

通过计算和整理式(4-22)，可得到式(4-20)的表达式，当d取不同的值，其他参数如下：$E = 1\text{MPa}$；$\nu = 0.3$；$r_k = 0.5\text{m}$。

根据式(4-20)、式(4-22)可得图 4-5，由图 4-5 可知，随着d增大，k_u值很快减小，并趋于零，即u_{ky}趋于零。同时，在实际计算中，在已知孔的初始圆孔半径和物理参数的情况下，可以根据d值确定k_u，进而根据u_{kr}确定u_{ky}值。

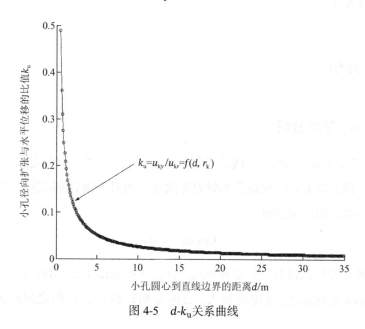

图 4-5　d-k_u关系曲线

4.4.2　本章解和数值解的比较验证

为进一步验证本章的位移和应力解，拟用有限元数值解结果与本章解进行比较验证。算例中所取的力学和几何参数如下：$E = 1\text{MPa}$；$\nu = 0.3$；$d = 3\text{m}$；$r_k = 0.5\text{m}$；$u_{kr} = 0.3\text{m}$。

根据上述参数，由式(4-20)、式(4-22)可得$k_u \approx 0.05$，所以$u_{ky} = 0.015\text{m}$。

对于平面应变问题，当不考虑体力的影响或无体力，且边界条件为位移边界时，位移和应变解答和模量E无关。所以算例中模量的取值没有考虑具体的土体，只是象征性地取一个简单的数。对实际土体，根据求得的应变计算应力时，可根据其实际的压缩模量进行计算。

（1）有限元计算结果

根据上述参数和图 4-6 所示的有限元模型，应用 Matlab 编程[130]计算（计算区域 80m × 60m）可得直角坐标平面内应力数值解等值线如图 4-7～图 4-9 所示。

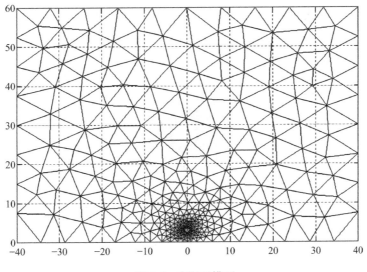

图 4-6　有限元模型

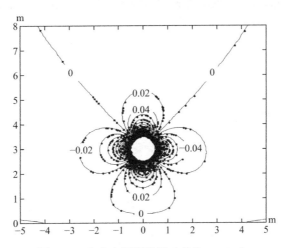

图 4-7　x 向应力等值线图（单位：MPa）

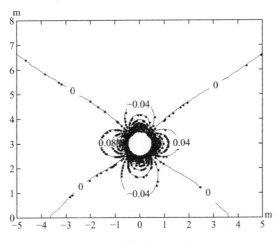

图 4-8　y 向应力等值线图（单位：MPa）

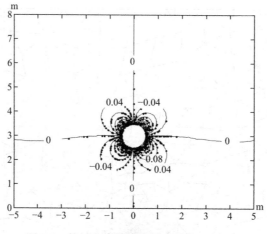

图 4-9　剪切应力等值线图（单位：MPa）

（2）本书解

根据上述参数和式(4-16)计算可得到应力等值线如图 4-10～图 4-12 所示。

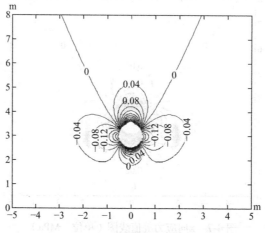

图 4-10　x 向应力等值线图（单位：MPa）

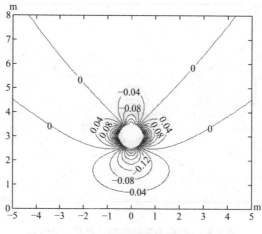

图 4-11　y 向应力等值线图（单位：MPa）

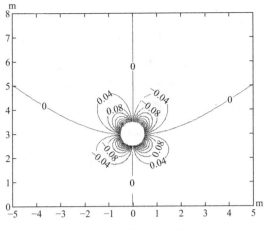

图 4-12　剪切应力等值线图（单位：MPa）

由等值线图知，本书结果和数值解的结果较为接近，说明本书解具有一定的合理性，可满足工程计算的要求。

4.5　结　论

通过坐标变换，把无穷远处边界和直线边界用一个坐标值 $\xi = 0$ 表示，并使直线边界和无穷远处具有相同的零位移，这种设定使位移边界相对简单，既方便了位移的求解，也符合工程设计和施工中不对场地周围环境造成影响的要求，符合工程场地与周围环境隔离的要求。

使用坐标变换方法，得到满足位移边界条件，包括孔壁边界、直线边界和无穷远处边界带参数的位移函数。根据几何方程和物理方程进一步得到问题的应力解。

当初始圆孔离直线边界的距离增大时，直线边界对圆孔扩张的影响将逐渐减小，极限情况是圆孔离直线边界的距离为无穷时，本章的位移和应力解应退化为轴对称柱孔扩张的解，当参数 $k = 1$ 时，本章的位移和应力解可以退化为轴对称柱孔扩张的解。

为进一步验证解答的合理性，本章进行了算例计算。根据本章算例的解与数值计算结果的比较，进一步验证本章的推导结果。

本章结果可为下述工程问题提供解决方案或较合理的建议：

根据桩体的平衡条件，推得桩孔径向扩张量和平移量的定量关系，从而可以根据实际的径向扩张量来求解特定条件下桩孔的水平偏移量，可以用于预测相应边界条件下基桩施工过程中非对称挤土造成的基桩的水平偏移量，指导施工场地基桩的放样定位。

本章解可以计算直线零位移边界附近的应力分布，指导密集建筑物中间的工程项目的设计和施工，包括确定桩基础和已有建筑物基础的距离、设计和已有建筑物之间的隔离墙或隔离槽等。

从隔离构筑物的设计方面考虑，应用本章解计算的应力分布规律和大小，再根据周围建筑物对外界打扰的敏感程度，可以确定构筑物的延伸范围或尺寸，墙的厚度、混凝土强度等级和钢筋用量等，将在建工程对周围环境的影响控制在合理的范围内。

位移解虽然满足所有的位移边界，极限情况可收敛于平面轴对称问题的解，但它不是从力学微分方程严格推导求解得到的，所以仍然是近似解。由于在现阶段尚没有本章边界条件下的精确的位移应力解，在精度要求不高的情况下，可用于指导工程设计。

第 5 章

灌注桩承载机制和承载力解研究

5.1 概　述

桩-土作用规律及桩基础工程力学特性时空变化特征非常复杂，需要全面系统的理论研究和工程实践总结。Poulos 和 Davis[75]基于无限长桩的平面应变假设，应用圆孔扩张理论分析桩土作用形成的超孔隙水压力的分布规律；唐世栋等[121]通过分析实测得到的桩基施工过程中的孔压数据，研究桩周土体中产生的超静超孔隙水压力的空间分布、大小变化及影响范围；文献[131-132]针对静力压桩挤土问题展开研究，通过建立桩-土作用问题的三维空间轴对称力学模型，根据 Carter 等[8]确定的初始小孔孔口半径，应用变分理论推导桩土作用引起的附加力学场解，得到静压预制桩桩周土体中附加位移、应变及应力的空间变化规律；针对饱和黏土中压桩挤土形成的超静孔压问题，文献[133]利用变分理论解得到的应力的空间分布解和桩周土体超静孔压消散级数解[134]研究了桩-土作用形成的三维超静孔压的产生和消散过程。

上述文献主要针对静压桩等挤土或半挤土桩展开研究，而针对目前使用较多的冲钻孔灌注桩的分析较少。文献[135]考虑土体的散粒材料特征或拉压不同性质，针对大型灌注桩工程问题展开研究，建立相应问题的本构模型，分析桩-土作用问题的力学模型，并分别应用变分理论和数值方法求解桩土作用，得到桩基础周围地基土中附加应力场等。

本章主要针对冲钻孔灌注桩的理论极限承载力进行研究和计算分析。灌注桩混凝土在灌注刚结束时呈流体状态，桩孔壁土体受处于流体状态的混凝土法向分布压力作用，而其凝固并达到设计强度后的承载性能与法向分布压力大小直接相关。本章首先对快速或慢速灌注混凝土和承载力关系的力学机制进行分析，认为其他条件相同情况下，快速灌注混凝土对应于桩基础承载力的上界，实际灌注桩的混凝土灌注速度介于本章介绍的快、慢两种工况之间，所以其承载力也介于这两者之间，并以此确定桩土作用的力学模型位移和应力边界条件和求解方法。最后，应用变分理论求解桩土作用在桩周土体中形成的应力场和界面的法向压力，求解桩土作用界面上的极限摩阻力，从而求得冲钻孔灌注桩的理论极限承载力和桩身轴力，并结合现有超长灌注桩的桩身轴力实测资料，验证本章分析方法和求解结果的合理性。

5.2　力学模型

5.2.1　桩-土作用机制分析

为建立合理的桩土作用三维力学模型，通过深入分析，认为冲钻孔灌注桩在成孔、下钢筋笼后，超长灌注桩（摩擦桩或端承摩擦桩）桩-土作用特征随时间空间变化机制如下：

（1）灌注混凝土的速度较快

混凝土灌注结束时刻整根桩的桩体混凝土呈流体状态，此时桩孔壁受处于流动状态混凝土的法向分布压力作用，且孔底所受混凝土孔壁法向压力最大。由于混凝土的重度通常超过桩周土体的重度，这种法向应力将使桩周土体沿孔壁外法线方向位移，位移量超过成孔前的孔壁初始位置，使孔周土体与桩体之间形成超过静止土压力的接触面正压力，此时孔壁的径向位移值即为桩周土体应力场计算所需位移边界，此阶段桩身混凝土与桩周土体紧密接触并互相渗透形成混凝土与土体的混合过渡带。

当桩身混凝土达到设计强度，且桩身承受设计荷载时，其桩长和桩径尺寸在工作荷载作用下也有变化，但相对于桩长，桩的直径尺寸较小，所以由桩身材料泊松比决定的桩径扩大值相对于流体状态混凝土阶段的桩-土作用扩孔值可忽略不计，即在竖向附加工作荷载作用下桩身基本上不产生径向扩张位移，即桩-土接触面上的正压力和极限摩阻力基本不变。

（2）灌注混凝土的速度较慢

当灌注混凝土的施工速度较慢，可能出现灌注混凝土桩中段时，端部混凝土已完成初凝，处于半固体状态，此时所灌注混凝土桩中段的重量使端部的混凝土产生法向膨胀位移作用小于灌注混凝土的速度较快的情况，端部桩身法向位移值较小，造成孔周土与桩体接触面上的正压力可能大于、也可能小于静止土压力，但肯定小于灌注速度较快情况，这种情况下桩壁所能承受的极限摩阻力将较小，且肯定小于灌注混凝土速度较快的情况。桩身混凝土达到设计强度后，桩身承受工作荷载时，与灌注混凝土的速度较快相同，认为在竖向附加工作荷载作用下基本上不产生径向扩张，即桩-土接触面上的正压力基本保持不变。

综上所述，在其他条件相同的情况下，快速灌注混凝土情况可对应于桩基础理论极限摩阻力或承载力的上界，实际施工的混凝土灌注速度介于上述快、慢两种工况之间，所以其承载力也介于这两者之间。

5.2.2　桩-土作用力学模型

根据节 5.2.1 分析，对桩-土作用问题分下述 2 个阶段建立力学模型：

第一阶段，成孔结束到灌注混凝土结束。灌注的混凝土呈流体状态，孔壁法向流体分布压力使桩土紧密接触，形成潜在（施加工作荷载后产生）的桩壁摩阻力或承载力，见图 5-1；灌注混凝土速度较快和较慢情况下的桩-土作用应力变化如图 5-2 所示，图中 σ_H、σ_V 分别为桩土接触面上的水平应力和竖向应力，γ_3' 为混凝土的有效重度，H 为桩长。

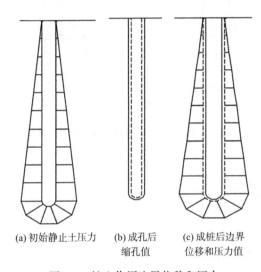

(a) 初始静止土压力　(b) 成孔后　(c) 成桩后边界
　　　　　　　　　 缩孔值　　　 位移和压力值

图 5-1　桩土作用边界位移和压力

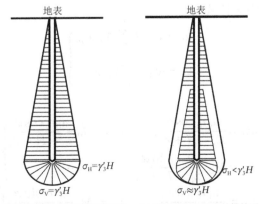

(a) 灌注混凝土速度较快的情况　(b) 灌注混凝土速度较慢情况

图 5-2　灌注混凝土阶段边界法向压力

第二阶段，混凝土达到设计强度时，施加工作荷载达到一定值，桩壁摩阻力较充分发挥，基桩由于桩身压缩造成的桩顶沉降完成，但由于桩端承载力未发挥，再施加更大的工作荷载，并达到设计工作荷载值。灌注混凝土速度较快和较慢情况下的桩土作用应力变化如图 5-3 所示，图中σ_Q为工作荷载引起的桩端桩-土作用应力，Q_0为设计工作荷载，τ为桩壁摩阻力。

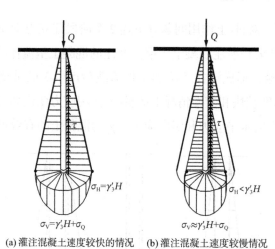

(a) 灌注混凝土速度较快的情况　　(b) 灌注混凝土速度较慢情况

图 5-3　工作荷载阶段侧壁摩阻力和桩端阻力

5.3 桩-土作用解

5.3.1 桩-土接触面正压力

针对冲钻孔灌注桩，应用变分理论解[136]可求解三维桩土作用产生的附加应力场和桩土接触面正压力，位移变分表达式为

$$
\left.\begin{aligned}
u_r &= u_{r0} + \sum_m A_m u_{rm} \\
w &= w_0 + \sum_m C_m w_m
\end{aligned}\right\}
\tag{5-1a}
$$

其中，

$$
\left.\begin{aligned}
w_0 &= \frac{u_0 r_0 \cos\alpha}{z_0 - H + r_0}, \qquad w_1 = M_0 \frac{u_0 r_0 \cos\alpha}{z_0 - H + r_0} \\
w_2 &= M_0{}^2 \frac{u_0 r_0 \sin\alpha}{z_0 - H + r_0}, \qquad \cdots
\end{aligned}\right\}
\tag{5-1b}
$$

$$
\left.\begin{aligned}
u_{r0} &= \frac{u_0 r_0 \sin\alpha}{z_0 - H + r_0}, \qquad u_{r1} = M_0 \frac{u_0 r_0 \sin\alpha}{z_0 - H + r_0} \\
u_{r2} &= M_0{}^2 \frac{u_0 r_0 \sin\alpha}{z_0 - H + r_0}, \qquad \cdots
\end{aligned}\right\}
\tag{5-1c}
$$

$$M_0 = 1 - H/z_0 \tag{5-1d}$$

式中：$z_0 = z_0(r,z)$为覆盖计算区域的曲线族参数；z为埋深坐标；r为径向坐标；α为曲线外法线方向与z轴的夹角；r_0为桩半径；u_0为桩土作用接触面位移值；A_m、C_m为相互独立的$2m$个系数；u_{r0}、w_0为位移函数，在孔壁边界，其值为已知有限常数；u_{rm}、w_m在孔壁边界处取值为 0。这样不论A_m、B_m如何取值，u_r、w总能满足沉桩扩孔的孔壁位移边界条件。

根据式(5-1a)可推得应力表达式为

$$
\left.
\begin{aligned}
\sigma_r &= \frac{E_{\text{sec}}}{1+\nu_t}\left[\frac{\nu_t}{1-2\nu_t}(\varepsilon_r+\varepsilon_\theta+\varepsilon_z)+\varepsilon_r\right]+\frac{\nu_0}{1-\nu_0}\gamma z \\
\sigma_\theta &= \frac{E_{\text{sec}}}{1+\nu_t}\left[\frac{\nu_t}{1-2\nu_t}(\varepsilon_r+\varepsilon_\theta+\varepsilon_z)+\varepsilon_\theta\right]+\frac{\nu_0}{1-\nu_0}\gamma z \\
\sigma_z &= \frac{E_{\text{sec}}}{1+\nu_t}\left[\frac{\nu_t}{1-2\nu_t}(\varepsilon_r+\varepsilon_\theta+\varepsilon_z)+\varepsilon_z\right]+\gamma z \\
\tau_{zr} &= \frac{E_{\text{sec}}}{2(1+\nu_t)}\gamma_{zr}
\end{aligned}
\right\} \tag{5-2}
$$

式中：ν_0为土扩孔前的泊松比；γ为土的重度；γz为前期固结压力；考虑岩土材料拉压模量不同等特征，参数E_{sec}、ν_t根据文献[136]的研究取值。相应地，应变表达式为

$$
\left.
\begin{aligned}
\varepsilon_r &= -\left(\frac{\partial u_r}{\partial r}+\frac{\partial u_r}{\partial z_0}\frac{\partial z_0}{\partial r}\right),\ \varepsilon_z = -\left(\frac{\partial w}{\partial z}+\frac{\partial w}{\partial z_0}\frac{\partial z_0}{\partial z}\right) \\
\varepsilon_\theta &= -\frac{u_r}{r},\ \gamma_{zr} = \frac{\partial u_r}{\partial z}+\frac{\partial u_r}{\partial z_0}\frac{\partial z_0}{\partial z}+\frac{\partial w}{\partial r}+\frac{\partial w}{\partial z_0}\frac{\partial z_0}{\partial r}
\end{aligned}
\right\} \tag{5-3}
$$

由图 5-2 可知，对于灌注混凝土速度较快的情况，流体状态混凝土自重应力或接触面法向压力p值均随深度线性增加，且有

$$p = \gamma_h z \tag{5-4}$$

式中：γ_h为混凝土重度；z为埋深。假设桩周土压缩模量也随深度线性增大[135]，可认为在孔壁位移值较小的情况下，桩土作用接触面位移u_0为常数，即不随边界位置或埋深不同而变化，且满足：

$$\int_0^H \gamma_h z = \int_0^H \sqrt{\sigma_r^2+\sigma_z^2}\ \Bigg|_{z=z_0} \tag{5-5}$$

根据式(5-5)可知，当变分解答计算的桩-土作用边界上总压力大小与桩周土、流体状态混凝土接触面法向压力p相等时，所对应的桩-土作用接触面位移大小u_0即为位移变分法求解所需的挤土边界位移值。

5.3.2　桩侧摩阻力和承载力

桩基承载力与桩壁极限摩阻力直接相关，而桩壁极限摩阻力f与桩土作用面上法向正

压力σ_r及桩土作用面的摩擦系数$\tan\varphi_{sp}$相关（φ_{sp}为桩土作用面的内摩擦角）。所以竖向侧壁摩阻力可以表示为

$$\tau_{max} = c_{sp} + \sigma_r \tan\varphi_{sp} \tag{5-6}$$

式中：c_{sp}为桩土作用面的黏聚力。考虑混凝土和土体充分接触，计算中φ_{sp}近似取土体的内摩擦角。

桩壁摩阻力$\tau_s(z)$的理论计算结果用桩身轴力的实测值进行检验，计算式为

$$Q(z) = Q_0 - U\int_0^Z \tau_s(z)\,\mathrm{d}z \tag{5-7a}$$

式中：Q为桩身轴力；Q_0为工作荷载；U为桩径，且有

$$Q_0 - U\int_0^z \tau_s(z)\,\mathrm{d}z \geqslant Q_0 - U\int_0^z \tau_{max}(z)\,\mathrm{d}z \tag{5-7b}$$

5.4　实测及计算结果比较

泰州长江公路大桥边塔基础设计采用 46 根ϕ2.8m 的钻孔灌注桩，桩长 102m，由于其桩长数值较大，本书定义为摩擦桩。

1 号桩基桩所在平面位置如图 5-4 所示，桩身钢筋计位置及编号如图 5-5 所示，不同埋深、不同时刻轴力测定值如图 5-6 所示（由于现场测试设备随机可靠度原因，第 4、6、8 节钢筋计未测到数据，故未在图 5-6 中列出）。地基土层类型及物理力学性质指标如表 5-1 所示，理论计算初始模量值取桩端处模量推荐值：$E_s = 82$MPa；桩土作用面的黏聚力和内摩擦角分别为 13kPa 和 34.8°。

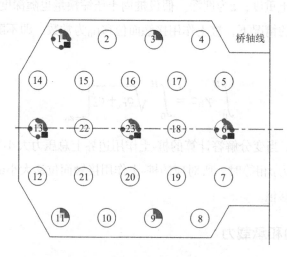

图 5-4　群桩基础桩位平面示意图

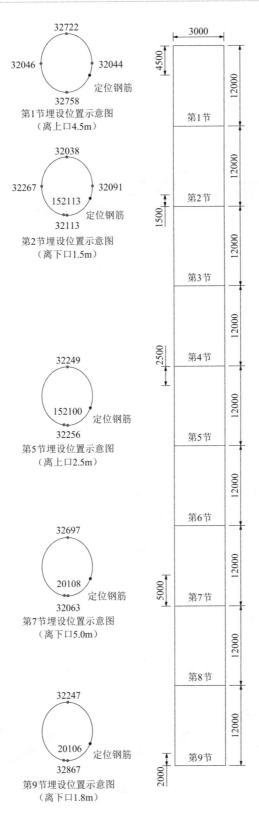

图 5-5　钢筋计埋设位置及编号（单位：mm）

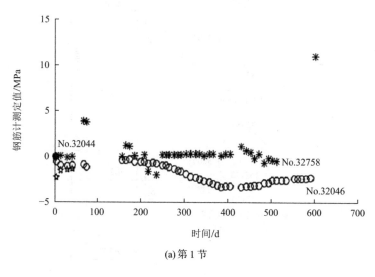

(a) 第 1 节

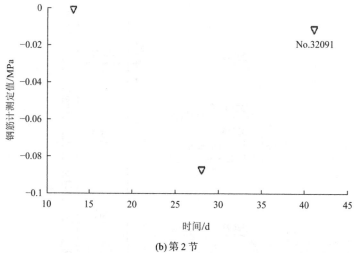

(b) 第 2 节

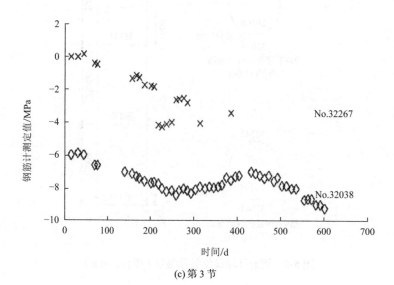

(c) 第 3 节

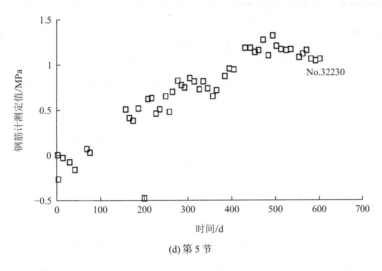

(d) 第 5 节

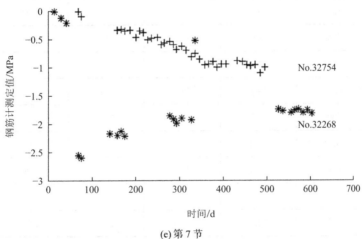

(e) 第 7 节

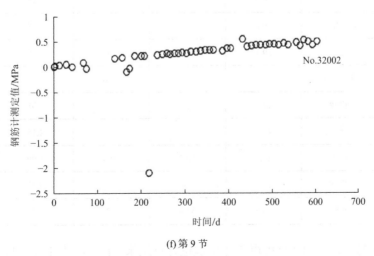

(f) 第 9 节

图 5-6　1 号桩轴力测定值

土层类型及物理力学性质指标   表 5-1

岩土编号	岩土名称	压缩模量试验值 $E_{s(1-2)}$/MPa	直剪快剪		天然密度ρ/（g/cm³）	变形模量推荐值 E_s/MPa
			内摩擦角φ/°	黏聚力c_q/kPa		
1-1	粉砂	3.5	2.1	15.0	1.76	
1-2	淤泥质粉质黏土	3.9	5.1	17.8	1.81	
1-3	砂质粉土	15.3	32.1	13.0	1.91	
2-4	细砂	12.8	33.2	8.5	1.95	
2-6a	砂质粉土	10.2	34.6	10.5	1.88	
4-3	粉砂	13.5	32.8	8.2	1.95	
4-5	砾砂	24.2	—	—	2.09	
4-6	含砾细砂	16.4			2.01	桩身部分不提供 E_s
5-1	细砂	14.3			2.04	
5-1a	粉质黏土	6.3	13.2	33.0	1.93	
5-3	砾砂	21.9	—	—	2.15	
6-1	粉砂	14.7	33.6	8.3	1.91	
6-1a	粉砂	10.7	8.4	28.5	1.90	
6-2	砾砂	35.0	—	—	2.02	
6-3	粉砂	15.0	33.1	7.0	2.00	
6-3b	黏土	4.9			1.86	
6-4	砾砂	22.3	34.8	13.0	2.02	82
6-4a	圆砾土	40.0	—	—	2.15	95
6-5	含砾中砂	20.0	—	—	1.95	56
6-6	砾砂	29.1	—	—	1.88	82
6-6a	含砾中砂	16.2	33.8	12.0	2.03	—
7-1	粉砂	17.0	32.0	7.3	1.98	56
7-1a	圆砾土	40.0	—	—	2.15	95
7-4	砾砂	21.8	10.2	39.0	1.99	82
7-4a	粉砂	17.5	—	—	2.03	56
8-1	粉砂	16.7	33.4	9.2	1.96	56

　　根据式(5-1)~式(5-7)计算可得 1 号桩理论计算结果，图 5-7 为 1 号桩桩身轴应力的实测值和理论计算结果对比，虽然实测值有一定的离散性，但整体上理论计算结果与实测值

相符。初步分析结论如下：

（1）理论计算摩阻力值大于实测值，且根据现场测试原理及情况，钢筋计测定值大于相应桩截面的平均轴应力值，说明该桩基工程设计中有足够的安全裕度。

（2）理论计算轴应力值总是随深度增加而减小，符合轴向受力基桩的轴力分布特征，而沿深度变化的实测值离散较严重，原因是桩同时受水平荷载作用而产生压缩和弯曲组合变形，但同一截面上不同位置钢筋计测试值的平均值仍符合轴向受力基桩的轴力分布特征。

（3）理论上浅层位置桩-土作用面不仅极限摩阻力较小，且其承载力发挥和桩身轴力大小受地面及浅层外界因素影响较大，离散性较大。

（4）相对于中间桩，边桩除轴向受压外，通常受较大的弯矩作用，桩身截面应力-时间曲线先出现分叉，后随时间趋于平均轴应力，说明该桩初始阶段所受弯矩较大且随时间衰减，弯矩的弯曲效应逐渐减弱。

（5）当某截面得到的测定值较完整，即某特定截面受拉区和受压区数据都能测到时，截面上平均轴应力与时间关系不大，且基本上不随时间的推移改变。

（6）桩壁摩阻力的发挥基本在施加外部工作荷载初期完成，摩阻力的发挥程度主要与外荷载的大小有关。较深部桩周土体由于对桩壁正压力大，其所能发挥的潜在摩阻力也较大。

（7）图 5-7 对理论计算结果与实测值进行综合比较验证，理论和实测值沿埋深的变化趋势基本吻合。由于桩身较大弯曲变形发生在靠近地面的桩身段，该段应力测试值分布于理论计算的设计值曲线两侧，呈现对称分布特征。

（8）由于理论计算较全面地考虑了外部各种荷载及作用，而这些作用在桩基础实际工作中可能发生，也可能不发生，即可能不出现并体现在实测值中。

（9）本章计算的极限摩阻力是理论值，桩基础在正常工作状态时，其实测摩阻力、桩身轴力等很显然会大大低于理论上极限摩阻力，甚至大大低于设计摩阻力，所以计算值远大于实测值是正常的。

（10）本章理论解可以认为是桩基础承载力的上界，实际灌注桩的混凝土灌注速度介于本章的快、慢两种工况之间，所以在其他条件相同的情况下，其承载力也介于这两者之间。

（11）理论计算结果与实测结果相符是一种趋势判断，因为实测值和桩身极限摩阻力值或桩承载力设计值并不是一回事，实测值只是某一时间或空间点的状态值，而本章按理论计算的极限承载力值以及设计值，是承载力的理论临界值或上限值。

（12）极限承载力值只有在桩基础处于承载力失效临界时刻才可能出现，而得到失效时刻的监测数据是不可能的，所以本章用正常工作时的轴力监测数据来间接验证理论解的合理性。

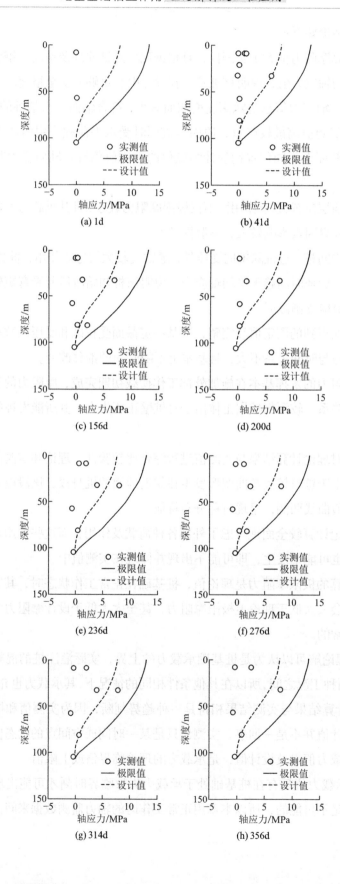

(a) 1d   (b) 41d

(c) 156d   (d) 200d

(e) 236d   (f) 276d

(g) 314d   (h) 356d

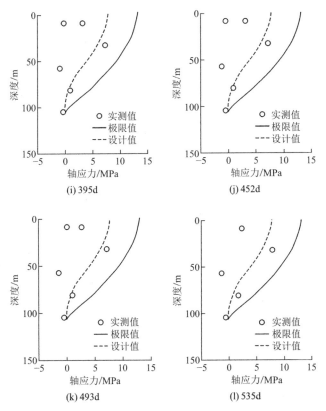

图 5-7 1 号桩桩身轴应力的实测值和理论计算结果对比

5.5 结 论

本章研究冲钻孔灌注桩承载机制和承载力理论解，主要得到下述结论：

（1）混凝土灌注刚结束时刻，桩孔壁外土体受流动状态混凝土的法向分布压力作用，通过建立该阶段的数学力学模型，利用变分理论计算桩土作用面在流动状态混凝土的压力作用下的孔壁位移和附加应力场。

（2）考虑桩身混凝土达到设计强度并施加工作荷载后的问题。利用第一阶段计算结果，结合摩阻力和桩身轴力计算公式计算并分析基桩承载力问题，得到按理论计算的极限承载力值以及由此推导的设计值，即承载力的理论临界值或上限值。

（3）结合某大桥边塔设计采用的灌注桩的桩身轴应力实测资料，对理论计算结果与实测值进行比较验证。分析结果说明，理论值和实测值沿埋深的变化及两者之间的误差符合基本的力学规律，可以间接验证理论解的合理性。

第 **6** 章

岩土本构关系抗拉参数
修正与应用

6.1　概　述

桩基础广泛应用于场地及地基条件复杂、对承载力和变形要求较高的土木及水利工程，包括港口码头、跨海越江大桥、大型动力设施和高层建筑等，以解决变形和稳定性问题[137-138]。

目前，针对桩土作用效应的研究[131,139-140]较多。陈文[34]对半无限长桩展开研究，得到了轴对称问题的弹塑性解，但解中假设竖向位移不随埋深变化，竖向应变为零，不符合实际问题。朱宁[45]应用叠加原理对现有的球孔扩张方法进行修正，得到了半无限空间内球孔张位移解，并进一步得到静压桩施工产生的挤土位移场的理论解。Sagaseta[42]针对桩土作用问题，假定基桩所在地基变形为位移问题，提出源-汇法求解桩土作用引起的桩周土体位移场，并应用地表边界应力叠加的方法来拟合地面为自由面的实际桩土作用工程问题。上述文献应用叠加原理研究桩土作用效应，使问题的处理方法可行，结果简单，但与土的非线性特性相差较大。同时，基于拉压模量接近或相等的本构理论的研究所得到应力解，均出现较大程度不符合实际情况的拉应力[139]。

本章针对三维桩土作用问题，以岩土体的体积应变为主要本构修正参数对Duncan-Chang 本构模型进行修正，分析研究岩土材料拉压模量不等的性质，建立考虑岩土体变形模量随深度变化的应力-应变关系。通过综合考虑岩土材料拉压模量不等修正以及地面自由、桩长有限和岩土材料的其他非线性，应用变分理论推导桩土作用造成的位移、应变和应力场解。

6.2　岩土本构关系拉压不等修正

考虑岩土材料的非线性，本章采用 Duncan-Chang 模型[104]，该模型是国内外广泛采用的岩土模型，在各类岩土的计算及应用中积累了较丰富的经验，并给出了多种岩土体的计算参数取值范围。但是，应用 Duncan-Chang 模型进行应力计算，当计算区域出现较大拉应变时，将出现不符合实际情况的较大拉应力，所以本章基于下述分析结论对该模型进行修正，如图 6-1 所示。

（1）如果材料某计算点以受压为主，即附加体积应变呈现收缩特征，计算参数取值完全符合 Duncan-Chang 模型。如果以受拉为主，即附加体积应变为膨胀，对 Duncan-Chang 模型进行修正。

（2）根据图 6-1，当体积应变等于 0 或没有体积变化，即土颗粒数量不变且每个颗粒均不产生压缩变形，但排列方式发生变化，即产生压应变和拉应变时，土体内并未产生应力，说明拉压性质不同的散体材料与拉压模量相同材料的工程性质有本质区别。

（3）根据图 6-1，某计算点体积应变等于 0 时，此计算点的压应变和拉应变不产生压应力和拉应力，因此本书认为散体材料体积膨胀时也不产生应力，即模量为 0。

（4）具有黏聚力的黏土材料拉应变较小时，可能出现较小拉应力，如有需要可通过调整下式的系数 k 值来考虑该应力。

所以本书本构关系修正的基本原则是：当某空间点体积应变 ε_v 为正（压缩）时，模量大小完全符合 Duncan-Chang 模型计算结果，当出现负体积应变时，模量等于 0 或趋于零，模量修正表达式为：

$$E_x = [\arctan(k\varepsilon_v)]/\pi + 0.5$$

当 $k = 100$ 时，$E_1 = [\arctan(100\varepsilon_v)]/\pi + 0.5$；

当 $k = 1000$ 时，$E_2 = [\arctan(1000\varepsilon_v)]/\pi + 0.5$。

如图 6-2（b）、（c）所示，k 值越大，当出现负体积应变时，模量趋于 0 的速度越快。由文献[104]可得式(6-1)。

$$\sigma_d = \frac{\varepsilon_1}{\dfrac{1}{E_i} + \dfrac{\varepsilon_1}{(\sigma_d)_f} R_f} \tag{6-1}$$

式中：E_i 为初始弹性模量，$E_i = Kp_a(\sigma_3/p_a)^n$；$(\sigma_d)_f$ 为破坏时的侧限抗压强度，$(\sigma_d)_f = (2c\cos\varphi + 2\sigma_3\sin\varphi)/(1-\sin\varphi)$，可根据 Mohr-Coulomb 准则推得；$R_f$ 为破坏比，$R_f = (\sigma_d)_f/(\sigma_d)_{ult}$，介于 0.75～1.0；$c$，$\varphi$ 分别为土的黏聚力和内摩擦角；σ_3 取土的前期固结压力；p_a 为大气压；K，n 分别为实验常数，K 值可能小于 100，也可能大于 3500，对于软黏土可

取 50～200，对于硬黏土可取 200～500，n 值一般为 0.2～1.0。

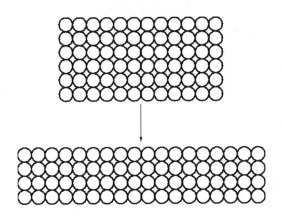

图 6-1　体积应变为 0 时散粒的重新排列

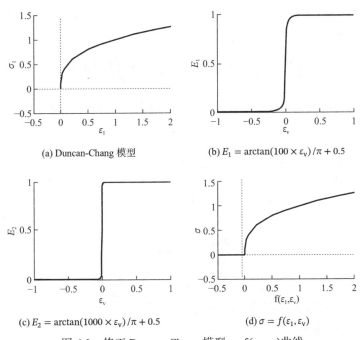

(a) Duncan-Chang 模型

(b) $E_1 = \arctan(100 \times \varepsilon_v)/\pi + 0.5$

(c) $E_2 = \arctan(1000 \times \varepsilon_v)/\pi + 0.5$

(d) $\sigma = f(\varepsilon_1, \varepsilon_v)$

图 6-2　修正 Duncan-Chang 模型 $\sigma - f(\varepsilon_1, \varepsilon_v)$ 曲线

根据图 6-1 引入修正项：$E_2 = [\arctan(k\varepsilon_v)]/\pi + 0.5$，得修正 Duncan-Chang 模型 σ-$f(\varepsilon_1, \varepsilon_v)$ 为式(6-2)。

$$E_{\text{sec}} = E_2 \frac{\sigma_d}{\varepsilon_1} = \frac{([\arctan(k\varepsilon_v)]/\pi + 0.5)}{\dfrac{1}{E_i} + \dfrac{\varepsilon_1}{(\sigma_d)_f} R_f} \tag{6-2}$$

对于空间轴对称问题，主应变 ε_1、ε_3 由式(6-3)计算。

$$\frac{\varepsilon_1}{\varepsilon_3} = \frac{\varepsilon_r + \varepsilon_z}{2} \pm \sqrt{\frac{(\varepsilon_r - \varepsilon_z)^2}{4} + \frac{\gamma_{zr}^2}{4}} \tag{6-3}$$

式中：ε_r、ε_z 分别为径向应变、竖向应变。Duncan-Chang 模型的体积变形模量为

$$K_t = K_b p_a \left(\frac{\sigma_3}{p_a}\right)^m \tag{6-4}$$

式中：K_b、m 为实验常数，m 可取 $0\sim1.0$，K_b 随 σ_3 改变，有大约 10 倍的变化幅度。

根据弹性常数之间的换算关系可得泊松比

$$\nu_t = \frac{3K_t - G_t}{6K_t} \tag{6-5}$$

式中：$G_t = \frac{3K_t E_t}{9K_t - E_t}$。

6.3　桩土作用数学模型

由于桩扩孔挤土作用符合简单加载过程，根据适合非线性材料形变描述的变分原理[101]，在满足约束条件的容许位移函数中，使式(6-6)泛函取驻值或极值的位移函数及对应系数值为变分问题的解：

$$\prod = \iiint\limits_V \left[A(\varepsilon_{ij}) - F_i u_i\right] \mathrm{d}V - \iint\limits_{S_1} \overline{P}_i u_i \, \mathrm{d}S \tag{6-6}$$

式中：$A(\varepsilon_{ij})$ 为能量密度；ε_{ij} 为应变张量；F_i 为体积力；S_1 为应力边界；$\overline{P}_i$ 为 S_1 上力的取值；u_i 为位移。

$$A(\varepsilon_{ij}) = \int_0^{\varepsilon_r} \sigma_r(\varepsilon_{ij}) \mathrm{d}\varepsilon_r + \int_0^{\varepsilon_\theta} \sigma_\theta(\varepsilon_{ij}) \mathrm{d}\varepsilon_\theta + \int_0^{\varepsilon_z} \sigma_{zr}(\varepsilon_{ij}) \mathrm{d}\varepsilon_z + \int_0^{r_T} \tau_{zr}(\varepsilon_{ij}) \mathrm{d}\gamma_x$$

式中：ε_{ij} 为 ε_r、ε_θ、ε_z、γ_{zr} 4 个应变分量。

泛函式(6-6)必须满足的变分约束条件式(6-7)、式(6-8)，应变位移关系式（以压为正）：

$$\left.\begin{array}{ll} \varepsilon_r = -\dfrac{\partial u_r}{\partial r}, & \varepsilon_\theta = -\dfrac{u_r}{r} \\[2mm] \varepsilon_z = -\dfrac{\partial w}{\partial z}, & \gamma_{zr} = \dfrac{\partial u_r}{\partial z} + \dfrac{\partial w}{\partial r} \end{array}\right\} \tag{6-7}$$

式中：u_r、w 为轴对称问题的径向和竖直向位移；ε_r、ε_θ、ε_z 为径向、环向、竖向正应变；γ_{zr} 为 zr 方向的剪应变。

位移边界条件：

$$u\big|_{g(z,r)=0} = \overline{u}(r,z) \tag{6-8}$$

式中：$\overline{u}(r,z)$ 为位移边界上的位移函数；$g(r,z)=0$ 为位移边界曲线方程。

6.3.1　位移函数构造

首先，建立图 6-3 所示的桩-土作用物理模型，模型假设场地土中有一初始小孔，沉桩过程模拟以小孔孔身径向扩张为主，孔底向下挤压扩张并得到等效实际桩径尺寸的桩孔。

根据图 6-3 可建立图 6-4 所示的桩土作用模型，桩周地基土区域由一族曲线（图 6-3 中的虚线）覆盖，曲线方程为式(6-9)。

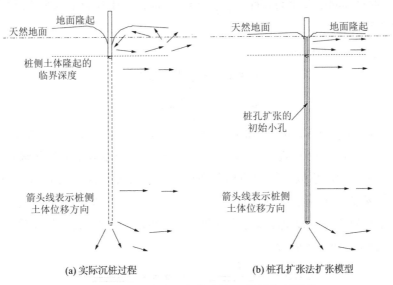

(a) 实际沉桩过程　　　　　　　　　(b) 桩孔扩张法扩张模型

图 6-3　桩孔扩张法变分法桩-土作用物理模型

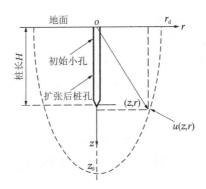

图 6-4　桩孔扩张数学模型和曲线族

$$f(z, r, z_0) = 0 \tag{6-9}$$

式中：z_0 为曲线族参数($z_0 \geqslant H$)。

二次曲线族方程为

$$f(z, r, z_0) = \frac{z_0 r^2}{(z_0 - H + r_0)^2} - z_0 + z = 0 \tag{6-10}$$

式中：z_0 为曲线族参数；H 为桩长；r_0 为初始小孔孔口半径。当 $z_0 = H$ 时，式(6-10)收敛到孔壁边界曲线方程为式(6-11)。

$$z = H\left[1 - (r^2 / r_0^2)\right] \tag{6-11}$$

曲线族方程式(6-10)及边界曲线方程式(6-11)满足：

（1）对边界曲线方程式(6-11)，当 $z = 0$ 时，$r = r_0$；当 $z = H$，$r = 0$。

（2）对曲线族方程式(6-10)，$z_0 = H$时，$f(z,r,z_0)|_{z_0=H} = g(z,r) = 0$，$g(z,r)$为连续可导函数。

（3）空间轴对称问题要求$\partial f/\partial r|_{r=0,z\geqslant H} = 0$，且曲线族中任意曲线都连续可导，保证积分泛函构造过程可行。

根据上述分析和文献[139]可得

$$\left.\begin{aligned} u_r &= u_{r0} + \sum_m A_m u_{rm} \\ w &= w_0 + \sum_m B_m w_m \end{aligned}\right\} \tag{6-12}$$

式中：$w_0 = u_0 T_t \cos\alpha$，$u_{r0} = u_0 T_t \sin\alpha$，为初始位移项；$w_1 = u_0 T_t M_t \cos\alpha$，$u_{r1} = u_0 T_t M_t \sin\alpha$，$w_2 = u_0 T_t M_t^2 \cos\alpha$，$u_{r2} = u_0 T_t M_t^2 \sin\alpha$，…为系数待定位移函数项；$A_m$、$B_m$为相互独立的$2m$个待定系数，初始位移项在桩土作用边界位移值为$w_0 = u_0\cos\alpha$，$u_{r0} = u_0\sin\alpha$；$u_0$为该边界曲线上点的法向位移值；$u_{rm}$、$w_m$在该边界位移值等于零；$T_t = r_0/(z_0 - H + r_0)$；$M_t = 1 - H/z_0$；$\alpha$为任意曲线上某点的外法线与$z$轴的夹角。图 6-4 所示曲线方程的外法线方向正余弦为

$$\cos\alpha = \frac{f_z}{\sqrt{f_z^2 + f_r^2}}, \quad \sin\alpha = \frac{f_r}{\sqrt{f_z^2 + f_r^2}} \tag{6-13}$$

式中：$f_z = \frac{\partial f(z,r,z_0)}{\partial z}$，$f_r = \frac{\partial f(z,r,z_0)}{\partial r}$。

此外，上述函数u_r、w设定主要根据如下 3 点假设：

（1）当$z = 0$且$r \geqslant r_0$时，r轴上任一点的位移大小满足式(6-13)，沿曲线对应点的外法线方向。

$$u_{rd} = u_0 r_0/r_d \tag{6-14}$$

式中：u_0为孔壁或桩土作用边界位移值，沿孔壁外法线方向；r_d为曲线与地面交点的坐标值，见图 6-4。

（2）当$z \geqslant H$且$r = 0$时，z轴上任意点的位移由式(6-14)表示，沿z轴正方向：

$$u_{zz} = u_0 \frac{r_0}{z_0 - H + r_0} \tag{6-15}$$

（3）当z_0和r_d位于同一曲线上，假设同一曲线上的所有点的位移大小相同，可得

$$u(z,r,z_0)|_{z_0=C} = u_{rd} = u_{zz} \Rightarrow r_d = z_0 - H + r_0 \tag{6-16}$$

6.3.2　几何方程

由于u_r、w中存在曲线族参数z_0，所以式(6-7)所表达的几何方程需进一步写为

$$\left.\begin{aligned} \varepsilon_r &= -\left(\frac{\partial u_r}{\partial r} + \frac{\partial u_r}{\partial z_0}\frac{\partial z_0}{\partial r}\right), \qquad \varepsilon_z = -\left(\frac{\partial w}{\partial z} + \frac{\partial w}{\partial z_0}\frac{\partial z_0}{\partial z}\right), \quad \varepsilon_\theta = -\frac{u_r}{r} \\ \gamma_{zr} &= \frac{\partial u_r}{\partial z} + \frac{\partial u_r}{\partial z_0}\frac{\partial z_0}{\partial z} + \frac{\partial w}{\partial r} + \frac{\partial w}{\partial z_0}\frac{\partial z_0}{\partial r} \end{aligned}\right\} \tag{6-17}$$

式中：$\frac{\partial z_0}{\partial r} = -\frac{f_r(z,r,z_0)}{f_{z_0}(z,r,z_0)}$，$\frac{\partial z_0}{\partial z} = -\frac{f_z(z,r,z_0)}{f_{z_0}(z,r,z_0)}$，$f_{z_0} = \frac{\partial f(z,r,z_0)}{\partial z_0}$。

6.3.3 势能密度

对应某一桩土作用边界位移增量 Δu，根据上述修正本构关系和泊松比分析结果，可得相应的应力分量为

$$\left.\begin{array}{ll} \sigma_r = \overline{E}(\overline{\nu}_t\varepsilon_v + \varepsilon_r) + \overline{\nu}_0\gamma z, & \sigma_\theta = \overline{E}(\overline{\nu}_t\varepsilon_v + \varepsilon_\theta) + \overline{\nu}_0\gamma z \\ \sigma_z = \overline{E}(\overline{\nu}_t\varepsilon_v + \varepsilon_z) + \gamma z, & \tau_{zr} = \overline{E}\gamma_{zr}/2 \end{array}\right\} \tag{6-18}$$

式中：$\overline{E} = \frac{E_{sec}}{1+\nu_t}$；$\overline{\nu}_0 = \frac{\nu_0}{1-\nu_0}$；$\overline{\nu}_t = \frac{\nu_t}{1-2\nu_t}$；$\varepsilon_v = \varepsilon_r + \varepsilon_\theta + \varepsilon_z$；$\varepsilon_r$、$\varepsilon_\theta$、$\varepsilon_z$、$\tau_{zr}$由式(6-17)确定；$\nu_0$为土扩孔前的泊松比；$\gamma$为土的重度；$\gamma z$为先期固结应力。

综上，势能密度是 z、r、z_0 的函数，即

$$A(\varepsilon_{ij}) = \int_0^{\Delta u} D(z,r,z_0,u_0,\overline{A},\overline{B})\mathrm{d}u_0 \tag{6-19}$$

式中：$\overline{A} = \{A_1, A_2, \cdots A_m\}$，$\overline{B} = \{B_1, B_2, \cdots B_m\}$，$D(z,r,z_0,u_0,\overline{A},\overline{B}) = \sigma_r(\varepsilon_{ij})\frac{\partial \varepsilon_r}{\partial u_0} + \sigma_\theta(\varepsilon_{ij})\frac{\partial \varepsilon_\theta}{\partial u_0} + \sigma_z(\varepsilon_{ij})\frac{\partial \varepsilon_z}{\partial u_0} + \tau_{zr}(\varepsilon_{ij})\frac{\partial \gamma_{zr}}{\partial u_0}$

式(6-19)必须满足约束方程 $f(z,r,z_0) = 0$。

6.4 实例计算与比较验证

理论上，在待定系数项足够多时，以能量积分泛函取极值为依据的位移变分解会收敛于精确解。而收敛速度则和位移函数设定的合理性有关，所以算例对不同个数待定系数的情况进行计算和比较，主要目的是确定待定系数个数增加时，本章解收敛于合理解或精确解的速度越快越好。因此，本章分别使用上述推导得到的桩土作用的理论解、圆孔扩张法和极限平衡理论方法对工程实例[108]进行计算并比较。

桩长 $H = 6m$，桩径 $d = 50cm$。考虑地基土初始变形模量随土层埋置深度增加而增大，比深土层的力学性质指标对计算结果影响大，算例计算的黏聚力和摩擦角取淤泥质黏土和黏土（表6-1）的均值。c、φ 为固结不排水指标，$c = 14kPa$，$\varphi = 13.25°$。根据文献[104]，理论计算使用的本构参数为：破坏比 $R_f = 0.8$；初始弹性模量 $E_i = Kp_a(\sigma_3/p_a)^n$，$K = 200$，$n = 0.5$；体积变形模量 $K_t = K_b p_a(\sigma_3/p_a)^m$，$K_b = 50$，$m = 0.5$。

土工参数 表6-1

土层	深度/m	重度/（kN/m³）	黏聚力c/kPa	摩擦角φ/°	弹性模量/Pa	泊松比
粉质黏土	0~2	18.5	12	18	3.4×10^7	0.29
淤泥质黏土	2~4	17.0	13	12	9.0×10^7	0.46
黏土	>4	17.5	15	14.5	3.2×10^7	0.42

6.4.1　基于圆孔扩法的侧向应力结果

根据圆孔扩法[109]，水平和竖向应力增量在塑性区内的分布为

$$\Delta\sigma_r = 2c_u \ln\frac{R_p}{r} + c_u, \quad \Delta\sigma_z = 2c_u + \ln\frac{R_p}{r} \tag{6-20}$$

在弹性区应力增量为

$$\Delta\sigma_r = c_u\left(\frac{R_p}{r}\right)^2, \quad \Delta\sigma_z = 0 \tag{6-21}$$

式中$R_p = R_u\sqrt{(E/2(1+\mu)c_u)}$为塑性区半径，根据表 6-1，塑性区半径$R_p \approx 5R_u$，$R_u$为桩孔半径。

6.4.2　基于被动土压力的随深度变化的侧向应力

圆孔扩张理论可以较准确计算出桩径比与侧压力的关系，但由于 CEM 理论基于平面轴对称假定，无法准确计算侧压力随深度的改变。本章拟应用极限平衡理论计算侧压力随深度变化规律[139]：

$$\sigma_r = \gamma z\left[\tan^2\left(\frac{\pi}{4} + \frac{\varphi}{2}\right)\right] + 2c\tan\left(\frac{\pi}{4} + \frac{\varphi}{2}\right) \tag{6-22}$$

由于不同土层容重γ不同，所以计算得到的被动土压力曲线随深度变化为折线，如图 6-5 所示。

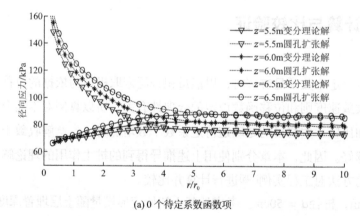

(a) 0 个待定系数函数项

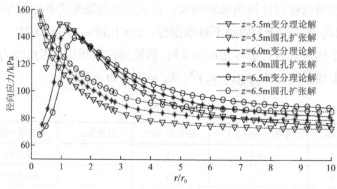

(b) 2 个待定系数函数项

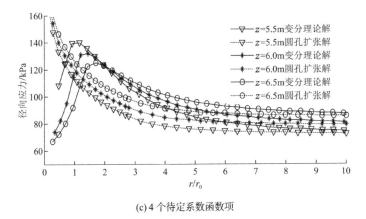

(c) 4 个待定系数函数项

图 6-5　沿径向侧向挤土压力

6.4.3　理论解、圆孔扩张和被动土压力计算结果比较

为分析系数待定函数的个数对位移和应力计算结果的影响，并为实际应用时待定系数的取法提供原则，对下述三种情况进行计算和比较验证：

（1）只包含位移初始项（即含有 0 个待定系数的函数项），计算可得侧向应力沿径向坐标变化（图 6-5 a）和侧向应力沿深度变化（图 6-6 a）。

（2）根据式(6-18)计算可得含有 2 个待定系数时的位移和应力解，侧向应力沿径向坐标变化（图 6-6 b）和侧向应力沿深度变化（图 6-6 b）。

（3）根据式(6-18)计算可得含有 4 个待定系数时的位移和应力解，侧向应力沿径向坐标变化（图 6-5 c）和侧向应力沿深度变化（图 6-6 c）。

根据图 6-5 和图 6-6 可得下述结论：

（1）由于不管取几个系数待定的函数项，桩孔壁位移等于位移初始项的孔壁位移，所以在桩壁上位移不受待定系数的影响。待定系数函数项只对非孔壁处位移应力值进行调节。

（2）由图 6-5（a）和图 6-6（a）可知，没有待定系数函数项时，即只有初始位移项时，与经典的圆孔扩张理论和极限平衡理论计算结果相比，侧向应力随径向坐标的变化和随深度的变化都与实际的应力变化规律不符。

（3）由图 6-5（b）、（c）和图 6-6（b）、（c）可知，取 2 个或 4 个待定系数函数项时，除桩尖附近区域满足桩孔扩张的特有变化规律外，桩身段与经典的圆孔扩张理论和极限平衡理论计算结果相比，都吻合得较好。

（4）相对于只含有两个待定系数的情况，增加待定系数对求解结果的影响或精度的提高并不很明显。如果考虑公式推导的繁杂性和优化计算的工作量，对于桩孔扩张问题，位移函数取两个待定系数已经比较合理。

（5）由图 6-5（c）可知，变分理论解答和圆孔扩张计算结果基本吻合，但在桩尖附近 1 倍桩径范围内本章解和圆孔扩张计算结果大小变化趋势相反，圆孔扩张计算结果不符合桩尖附近及以下区域的实际的衰减变化规律。

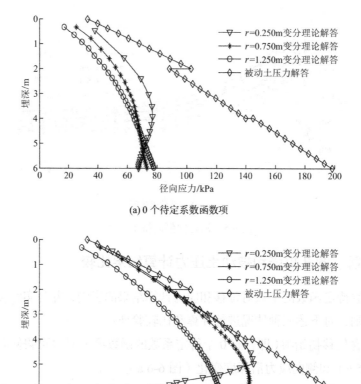

(a) 0 个待定系数函数项

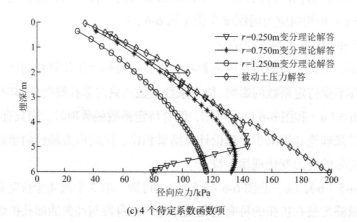

(b) 2 个待定系数函数项

(c) 4 个待定系数函数项

图 6-6　沿深度侧向挤土压力

（6）由图 6-6（c）知：深度 0～4.5m 范围内，侧（径向）压力随 z 坐标的变化与极限平衡理论计算结果基本吻合。深度大于 5m，理论值小于极限平衡理论结果并随深度增大而迅速衰减，符合桩-土作用机理。

（7）由图 6-6（c）知：由于考虑岩土散粒材料的体积应变对本构关系的影响。桩端处以竖直向下挤压为主，在桩端侧面小范围内会产生较大的拉应变，使该处岩土材料体积应变趋于负值（膨胀），所以该处模量值降低、侧压力计算值偏小。

（8）由图 6-6（c）知：由于本章考虑挤土的三维特性和桩端的几何形状，桩端附近既有侧向挤压，也有竖向挤压，埋深最大的桩尖点将只有竖向挤压，所以在桩端附近侧向挤压幅度有减小的趋势。

6.5　结　论

分析了模量随埋藏深度和体积应变的变化规律，对 Duncan-Chang 模型进行抗拉模量值修正。

考虑岩土材料拉压模量不等修正，应用变分理论推导桩土作用造成的位移、应变和应力场理论解答。

应用已有的经典土压力理论和小孔扩张理论对理论推导结果进行对比和分析验证，计算结果说明本章得到的位移变分理论解可以较快收敛于精确解。

研究方法可以作为进一步理论探索的基础，研究结果对桩基础设计施工、相应环境保护措施的选择和设计有较大的指导作用。

第 **7** 章

散粒材料模量修正及桩基础
稳定性研究

7.1 概　述

桩基础广泛应用于场地条件复杂、对地基基础承载力和变形要求较高的场合，包括高层建筑、城市高架桥、跨海越江大桥和港口码头等工程，以克服深软地基带来的变形和稳定性问题[139]。目前对桩-土作用的研究较多，Sagaseta[42]针对单桩沉桩挤土问题，假定基桩工程场地土体变形为位移-位移问题，提出源-汇法求解桩-土作用引起的挤土位移场，并考虑基桩所在实际场地土层为半无限空间情况，应用地表边界应力叠加的方法来吻合地面为自由面的问题。罗战友[99]等也采用类似方法分析半无限土体中沉桩挤土问题。上述文献假设土体为线弹性材料，应用叠加原理处理桩-土作用问题，使问题的处理过程简单，但与土的本质特征差距较大。同时，应用叠加原理将单桩研究成果应用到群桩基础的研究分析也不符合岩土材料的非线性特征。

此外，基于拉压模量相等的连续介质本构理论的研究，计算结果均出现部分不符合实际情况的拉应力[136,139]。本章以岩土体的体积应变为主要分析参数，研究岩土材料拉压模量不等时土体的性质，建立考虑岩土体压缩模量随深度变化的本构关系，并应用数值方法对多种工况进行数值模拟，分析不同冲刷边界条件下不同平面位置基桩受力特点和承台受力变形特征，为群桩基础设计考虑桩、土及承台共同协调作用提供定量计算实践。

7.2 散粒材料本构关系分析

首先建立图 7-1 所示的散体材料应力、应变分析模型，假设图中的散体材料组成颗粒大小形状完全相同，并考虑当应变不产生应力时模量取值为 0，分下述 3 种情况进行讨论。

（1）由图 7-1（a）到图 7-1（b），形状发生改变，但体积不变，此时可以认为散体材料内部任意点既有压应变，又有拉应变，但不产生任何附加应力，说明此时模量为 0，即其应力、应变特性不同于一般材料。

（2）由图 7-1（a）到图 7-1（c）可得：如果体积发生膨胀，此时散体材料内部任意点两个方向均产生拉应变，但不产生任何应力，说明此时模量为 0。

（3）对于一个方向受拉，一个方向受压，且体积发生膨胀的情况类似于图 7-1（a）到图 7-1（b）的情况，模量为 0。

综上在出现正体积应变（收缩）时，土体材料本构关系符合现有某种本构关系，如线弹性或邓肯-张等模型，否则，引入体积应变参数对本构关系进行修正。

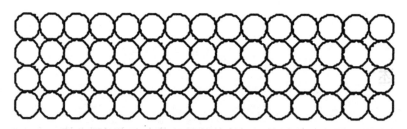

(a) 散粒材料原颗粒排列

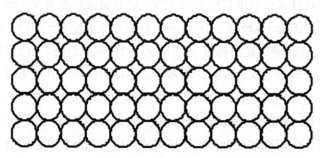

(b) 颗粒排列方式改变但体积不变

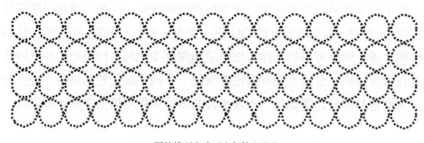

(c) 颗粒排列方式不变但体积膨胀

图 7-1　散体材料应力、应变分析模型

在较大围压作用下，土体的松散颗粒堆积成整体，表现出较高的承载能力[139]，其压缩模量大小和土层所受的前期固结压力大小直接相关，但当发生图 7-1 所示的变形时仍可认

为土体中不产生附加应力。为便于分析拉、压模量不等条件下的本构关系修正的一般方法，假设土层的初始压缩模量为

$$E_0 = E_H y/H \tag{7-1}$$

式中：H、y 分别为桩尖坐标值和土层埋深坐标（由地面开始向下为正）；E_0、E_H 分别为地面下任意坐标点的初始压缩模量和桩尖土层压缩模量。

当土体内某一点出现负体积应变时，土的压缩模量数值迅速降低且不出现较大拉应力。当桩周土体中某计算点出现正体积应变（压缩）时，模量大小不做修正，当出现负体积应变（膨胀）时，模量减小并趋于 0，如图 7-2 所示，可得力学计算所需的本构关系为

$$E = f(y, \varepsilon_v) = \frac{E_H y}{H} \left(\frac{\arctan(k\varepsilon_v)}{\pi} + 0.5 \right) \tag{7-2}$$

式中：k 为调整系数。k 值越大可能出现的拉应力值或范围越小，k 值不同时的模量修正项差别见图 7-2（b）、（c），本章进行有限元计算时取 1000。ε_v 为体积应变，$\varepsilon_v = \varepsilon_x + \varepsilon_y + \varepsilon_z$。函数 $\arctan(k\varepsilon_v)/\pi + 0.5$ 的取值范围为 $-0.5\sim05$，加上 0.5，保证其取值为 $0\sim1$，即保证体积应变为正（受压时）$\arctan(k\varepsilon_v)/\pi + 0.5 = 1$，体积应变为负时，$\arctan(k\varepsilon_v)/\pi + 0.5 = 0$。当 k 趋于无限大时，$\arctan(k\varepsilon_v)/\pi + 0.5$ 类似于取值为 0、1 的阶跃函数，模拟散粒材料（砂土）完全不能受拉的性质。

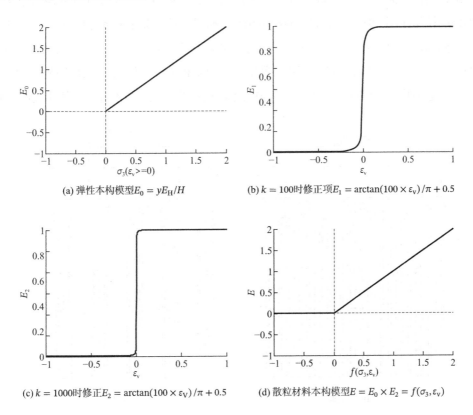

(a) 弹性本构模型 $E_0 = yE_H/H$

(b) $k = 100$ 时修正项 $E_1 = \arctan(100 \times \varepsilon_v)/\pi + 0.5$

(c) $k = 1000$ 时修正 $E_2 = \arctan(100 \times \varepsilon_v)/\pi + 0.5$

(d) 散粒材料本构模型 $E = E_0 \times E_2 = f(\sigma_3, \varepsilon_v)$

图 7-2　初始压缩模量和拉压不等修正

7.3　力学模型和有限元格式

7.3.1　力学模型简化

群桩基础桩-土作用受桩间土层性质、下卧持力层的厚度和性质、基桩平面间距、工程场地边界条件、承台刚度和桩的长度等诸多因素影响。为分析不同位置桩体的受力与变形的差异、桩体随深度沿桩长自上而下的受力变化规律和桩基在不利边界及荷载组合情况下可能产生的折屈失稳与抗倾覆稳定。本章首先探讨并建立桩-土作用力学模型。通常，三维计算模型更符合桩基工程地基与场地实际情况，但计算量大且模型复杂，计算结果不易系统分析和应用于工程实际，所以首先对计算模型进行分析并简化。

某大桥边塔群桩基础正立面和侧立面如图7-3所示。计算模型只取与侧立面平行的排桩建立平面应力问题计算模型（图7-4）。将三维群桩基础简化为图7-4所示的平面应力计算模型，主要基于下述原因：首先，根据基础正立面图，可以知道该方向上基桩排列较密集，假设桩基础的工作荷载作用在侧立面内，基桩与桩间夹土构成整体并产生位于侧立面内水平和竖直位移；其次，与侧立面平行的相邻两排桩之间的夹土（图7-4相距较近的两相邻虚线间的土体）将受到桩的挤压作用，但由于土的压缩模量相对于桩身钢筋混凝土的弹性模量很小，可以忽略土体对桩侧面，即图7-4虚线位置的挤压应力，即将该接触面视为自由面，满足平面应力模型基本假定；最后，这种简化不计相邻排桩间的夹土对基桩的约束作用，计算结果偏于安全。由于将三维问题简化为二维问题，更容易考虑岩土体材料拉、压模量不等和其他非线性性质。

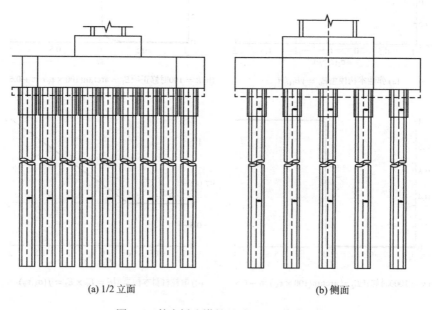

(a) 1/2立面　　　　　　　　　　(b) 侧面

图7-3　某大桥边塔桩基础正立面与侧立面

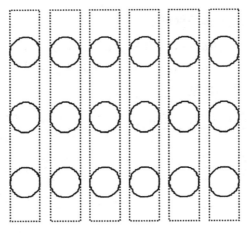

图 7-4　平面应力计算模型

7.3.2　有限元计算格式

按位移求解非线性平面问题的基本微分方程可写为

$$-\nabla(c(u)\nabla u) + a(u)\boldsymbol{u} = f(u) \tag{7-3}$$

式中：∇为微分算子，对于二维问题$\nabla u = \{\partial u/\partial x, \partial u/\partial y\}$；$\boldsymbol{u} = (u_1 \quad u_2 \quad \cdots \quad u_n)$；$u_i = u_i(x, y)$（$i = 1, 2, \cdots, n$）；$c$、$a$、$f$为计算参数，对于不同问题赋值不同；当$\boldsymbol{u} = (u_1 \quad u_2)$，可以得到式(7-4)。

$$\left.\begin{aligned}-\nabla(c_{11}\nabla u_1) - \nabla(c_{12}\nabla u_2) + a_{11}u_1 + a_{12}u_2 = f_1\\-\nabla(c_{21}\nabla u_1) - \nabla(c_{22}\nabla u_2) + a_{21}u_1 + a_{22}u_2 = f_2\end{aligned}\right\} \tag{7-4}$$

应力边界条件为

$$\left.\begin{aligned}\vec{n}(c_{11}\nabla u_1) + \vec{n}(c_{12}\nabla u_2) + q_{11}u_1 + q_{12}u_2 = g_1\\\vec{n}(c_{21}\nabla u_1) + \vec{n}(c_{22}\nabla u_2) + q_{21}u_1 + q_{22}u_2 = g_2\end{aligned}\right\} \tag{7-5}$$

$$hu = r, \quad \boldsymbol{h} = \begin{bmatrix} h_{11} & h_{12} \\ h_{21} & h_{22} \end{bmatrix} \tag{7-6}$$

式中：q、g、h为边界条件计算参数，根据不同的问题具体确定。

对本书平面应力问题，设$u_1 = u_x$，$u_2 = u_y$，则非线性平面应力问题几何方程[106]为

$$\varepsilon_x = -\frac{\partial u_x}{\partial x}; \quad \varepsilon_y = -\frac{\partial u_y}{\partial y}; \quad \gamma_{xy} = -\left(\frac{\partial u_x}{\partial y} + \frac{\partial u_y}{\partial x}\right) \tag{7-7}$$

由式(7-7)及根据广义胡克定律容易推导，z方向应变可表示为：$\varepsilon_z = \mu(\varepsilon_x + \varepsilon_y)/(\mu - 1)$；应力-应变关系式为

$$\left.\begin{aligned}\sigma_x &= E\left(\mu\frac{\partial u_y}{\partial y} + \frac{\partial u_x}{\partial x}\right)/(\mu^2 - 1)\\\sigma_y &= E\left(\mu\frac{\partial u_x}{\partial x} + \frac{\partial u_y}{\partial y}\right)/(\mu^2 - 1)\\\tau_{xy} &= -E\left(\frac{\partial u_x}{\partial y} + \frac{\partial u_y}{\partial x}\right)/2(\mu + 1)\end{aligned}\right\} \tag{7-8}$$

根据式(7-7)、式(7-8)及平衡条件可得

$$\left.\begin{array}{l} T_1/(\mu^2-1)-0.5T_2/(\mu+1)=0 \\ T_3/(\mu^2-1)-0.5T_4/(\mu+1)+\gamma=0 \end{array}\right\} \tag{7-9}$$

式中：$E=f(y,\varepsilon_\mathrm{v})$为压缩模量，$\varepsilon_\mathrm{v}=\varepsilon_x+\varepsilon_y+\varepsilon_z$；

$$\left.\begin{array}{ll} T_1=\dfrac{\partial}{\partial x}\left(\mu\dfrac{E\partial u_y}{\partial y}+\dfrac{E\partial u_x}{\partial x}\right); & T_2=\dfrac{\partial}{\partial y}\left(\dfrac{E\partial u_x}{\partial y}+\dfrac{E\partial u_y}{\partial x}\right) \\ T_3=\dfrac{\partial}{\partial y}\left(\mu\dfrac{E\partial u_x}{\partial x}+\dfrac{E\partial u_y}{\partial y}\right); & T_4=\dfrac{\partial}{\partial x}\left(\dfrac{E\partial u_x}{\partial y}+\dfrac{E\partial u_y}{\partial x}\right) \end{array}\right\} \tag{7-10}$$

u_x、u_y为x、y方向位移；ε_x、ε_y、ε_z、γ_{xy}为 4 个应变分量，σ_x、σ_y、τ_{xy}为 3 个应力分量；μ为泊松比。

由式(7-9)写成矩阵形式可得式(7-11)。

$$\begin{Bmatrix} \sigma_x \\ \tau_{xy} \\ \tau_{yx} \\ \sigma_y \end{Bmatrix} = \begin{bmatrix} c_{11} & c_{21} & c_{12} & c_{22} \end{bmatrix} \begin{Bmatrix} \dfrac{-\partial u_x}{\partial x} \\ \dfrac{-\partial u_x}{\partial y} \\ \dfrac{-\partial u_y}{\partial x} \\ \dfrac{-\partial u_y}{\partial y} \end{Bmatrix} \tag{7-11}$$

结合式(7-8)~式(7-10)推导可得 Matlab PDETool 所需有限元计算参数为

$$\begin{bmatrix} c_{11} & c_{12} \\ c_{21} & c_{22} \end{bmatrix} = \begin{bmatrix} M_1 & 0 & 0 & M_2 \\ 0 & M_2 & M_1\mu & 0 \\ 0 & M_1\mu & M_2 & 0 \\ M_2 & 0 & 0 & M_1\mu \end{bmatrix}$$

$$h=\begin{bmatrix}0 & 0 \\ 0 & 0\end{bmatrix}, f=\begin{pmatrix}0 \\ -\gamma\end{pmatrix}, q=\begin{bmatrix}0 & 0 \\ 0 & 0\end{bmatrix}, g=\begin{pmatrix}g_x \\ g_y\end{pmatrix} \tag{7-12}$$

式中：

$$M_1=\frac{f(y,\varepsilon_\mathrm{v})}{1-\mu^2}, \quad M_2=\frac{f(y,\varepsilon_\mathrm{v})}{2(\mu+1)} \tag{7-13}$$

7.4　算例分析

某大桥边塔群桩基础正立面和侧立面如图 7-3 所示，土层类型及物理力学指标见表 7-1。桩尖处初始压缩模量为 60MPa，并用60y/H表示地面下任意坐标点的初始压缩模量，桩和承台采用 C30 混凝土。

竖向荷载 1.4MPa 均布作用于群桩基础中间 3 根桩所对应的承台顶面区域，水平荷载 0.21MPa 均布作用于 6m 厚的承台左侧面。假设上游不冲刷，下游冲刷 20m、5m 两种工

况，计算区域尺寸：深度（ y 轴 ）× 宽度（ x 轴 ）= 180m × 200m；计算结果为见图 7-5～
图 7-12。

（1）由图 7-5～图 7-12 可知，由于所有工况的竖向荷载均相同，且各种工况的每个力
学分量的等值线图相邻线高差相同，所以影响等值线分布的主要因素为水平荷载和下游冲
刷深度值。

（2）由图 7-5～图 7-12 可知，由于存在临空面，在群桩基础两侧边缘基桩与地面交界
处应变和应力等值线均较密集，说明在该处由于冲刷和水平荷载作用形成不对称接触边界，
并在该处产生应力集中，从而使产生折屈失稳和整体稳定性问题的可能性增大。

（3）由图 7-5 可知，由于受向右水平荷载作用，计算所得桩基础和桩周土体中的等值
线图明显向右偏移，水平荷载越大，临空面尺寸越大，偏移越明显，折屈失稳和整体稳定
性问题越严重。

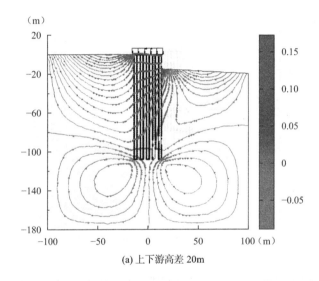

(a) 上下游高差 20m

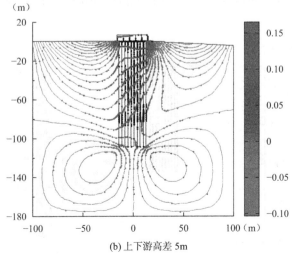

(b) 上下游高差 5m

图 7-5　水平位移等值线图（相邻线高差 0.002m）（单位：m）

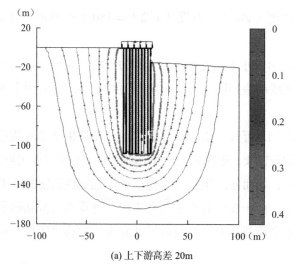

(a) 上下游高差 20m

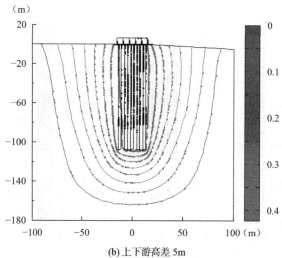

(b) 上下游高差 5m

图 7-6　竖向位移等值线图（相邻线高差 0.05m）（单位：m）

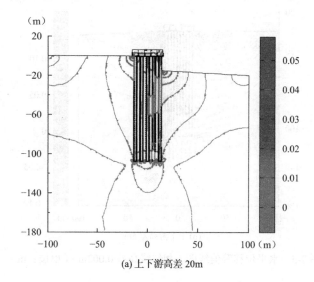

(a) 上下游高差 20m

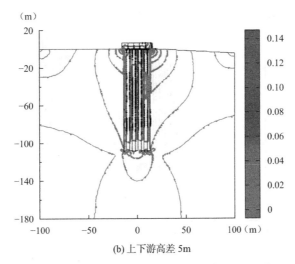

(b) 上下游高差 5m

图 7-7　水平应变等值线图（相邻线高差 0.002）

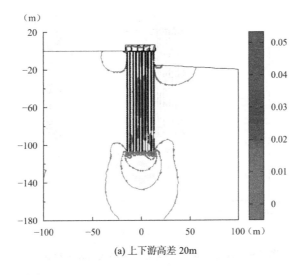

(a) 上下游高差 20m

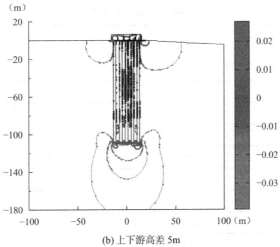

(b) 上下游高差 5m

图 7-8　竖向应变等值线图（相邻线高差 0.0025）

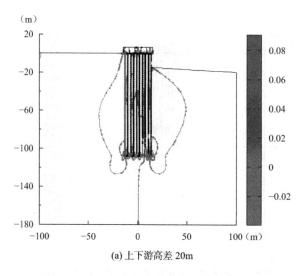

(a) 上下游高差 20m

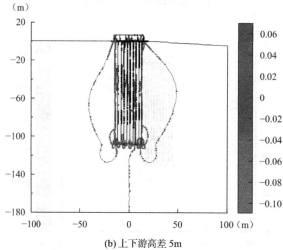

(b) 上下游高差 5m

图 7-9　剪切应变等值线图（相邻线高差 0.005）

土层类型及物理力学指标　　　　　　　　　　表 7-1

岩土编号	岩土名称	天然密度ρ/ (g/cm³)	直剪快剪		压缩模量试验值 $E_{s(1-2)}$/MPa	模量推荐值 E_s/MPa
			黏聚力 C_q/kPa	内摩擦角 φ/°		
1-1	粉砂	1.76	15.0	2.1	3.5	
1-2	淤泥质粉质黏土	1.81	17.8	5.1	3.9	
1-3	粉质砂土	1.91	13.0	32.1	15.3	
2-4	细砂	1.95	8.5	33.2	12.8	
2-6a	粉质砂土	1.88	10.5	34.6	10.2	桩身部分不提供E_s
4-3	粉砂	1.95	8.2	32.8	13.5	
4-5	砾砂	2.09			24.2	
4-6	含砾细砂	2.01			16.4	
5-1	细砂	2.04			14.3	

续表

岩土编号	岩土名称	天然密度ρ/ (g/cm³)	直剪快剪		压缩模量试验值$E_{s(1-2)}$/MPa	模量推荐值E_s/MPa
			黏聚力C_q/kPa	内摩擦角φ/°		
5-1a	粉质黏土	1.93	33.0	13.2	6.3	桩身部分不提供E_s
5-3	砾砂	2.15			21.9	
6-1	粉砂	1.91	8.3	33.6	14.7	
6-1a	粉砂	1.90	28.5	8.4	10.7	
6-2	砾砂	2.02			35.0	
6-3	粉砂	2.00	7.0	33.1	15.0	
6-3b	黏土	1.86			4.9	
6-4	砾砂	2.02	13.0	34.8	22.3	82
6-4a	圆砾土	2.15			40.0	95
6-5	含砾中砂	1.95			20.0	56
6-6	砾砂	1.88			29.1	82
6-6a	含砾中砂	2.03	12.0	33.8	16.2	
7-1	粉砂	1.98	7.3	32.0	17.0	56
7-1a	圆砾土	2.15			40.0	95
7-4	砾砂	1.99	39.0	10.2	21.8	82
7-4a	粉砂	2.03			17.5	56
8-1	粉砂	1.96	9.2	33.4	16.7	56

（4）由图 7-10～图 7-12 可知，由于桩周土体的压缩模量远小于桩体和承台的弹性模量，虽然同时受水平和竖向荷载作用，根据相邻等值线高差 0.1MPa 绘制的应力等值线图与位移及应变等值线图显著不同，应力等值线图的等值线密集分布在桩体和承台内部，而在桩周土体中分布稀疏或基本没有。由于在本构关系中考虑了土体模量随体积应变变化而变化，即在拉应变较大时，附加应力将趋于 0，所以桩周土体中计算所得应力基本以压应力为主。

（5）由图 7-10 可知，承台受很大的水平应力，承台顶面受压（以压为正）呈紫红色，底面受拉呈浅绿色，颜色由底面到顶面逐渐过渡，表示由受拉区到受压区逐渐过渡的过程。由图 7-11 可知，竖向应力等值线基本分布在桩体内部，最靠外两侧桩体呈较深的紫红色，且颜色延伸至地层深部，次靠外的两侧桩体也呈紫红色，但向地层深部延伸较浅，说明该桩体埋深较深的桩段受轴力较小，群桩基础和承台受力较大部分构成一拱形结构。

（6）由图 7-11 可知，由于受右向水平荷载作用和临空面的影响，最靠外两侧的桩体中，右侧桩体呈更深的紫红色，且相对左侧延伸至地层更深部，承受非常大的轴向压应力，该轴向应力大小随着临空面深度从 20m 减小到 5m 而迅速与左侧桩体趋于相同值。

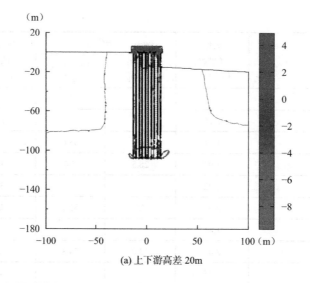

(a) 上下游高差 20m

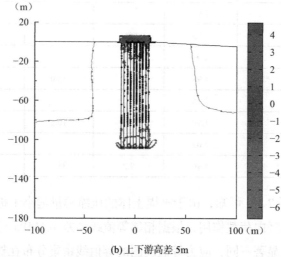

(b) 上下游高差 5m

图 7-10　水平应力等值线图（相邻线高差 0.1MPa）（单位：MPa）

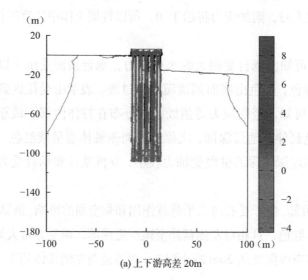

(a) 上下游高差 20m

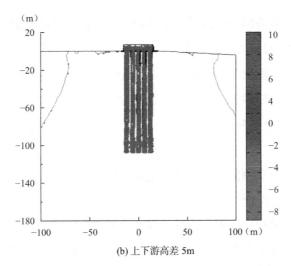

(b) 上下游高差 5m

图 7-11　竖向应力等值线图（相邻线高差 0.1MPa）（单位：MPa）

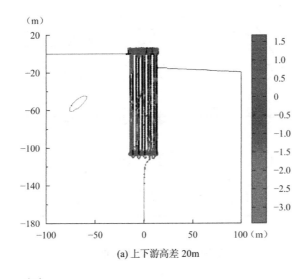

(a) 上下游高差 20m

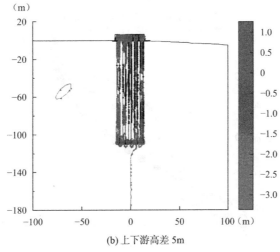

(b) 上下游高差 5m

图 7-12　剪切应力等值线图（相邻线高差 0.025MPa）（单位：MPa）

根据某大桥边塔群桩基础桩位布置（图 7-13）及上述桩基础及地基数值计算使用的力学和几何参数，对第 13 号桩（对应于图 7-11 冲刷邻空面的边缘位置桩）采用文献[148]介绍的方法推导桩身轴力的理论解答，并与本章数值计算结果、13 号桩长时间实测桩身轴力值进行比较，见图 7-14，以验证本章数值解答的合理性。

图 7-14 为根据第 13d、156d、236d、276d、356d、395d、493d、535d 的实测数据绘制的比较分析图。由图可见：

（1）第 13d 桩身轴力实测值和数值及理论计算值相差较多，但随时间的推移，趋于稳定并和数值计算结果吻合得较好。

（2）与数值计算结果相比，理论计算过程未考虑下游冲刷和水平作用对桩身轴应力的影响，计算值沿桩身埋深变化规律较为简单，但总体上与数值计算结果相符。

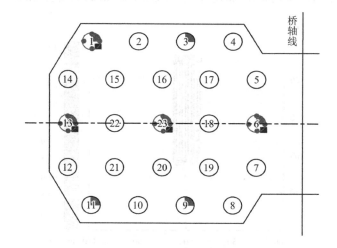

图 7-13　群桩基础平面布置

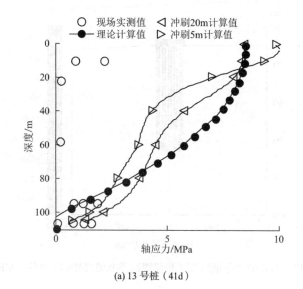

(a) 13 号桩（41d）

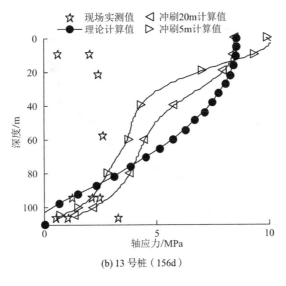

(b) 13 号桩（156d）

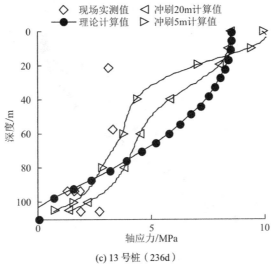

(c) 13 号桩（236d）

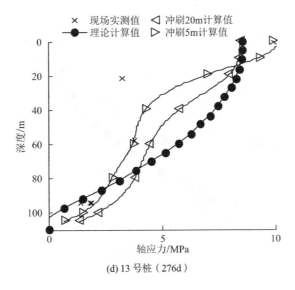

(d) 13 号桩（276d）

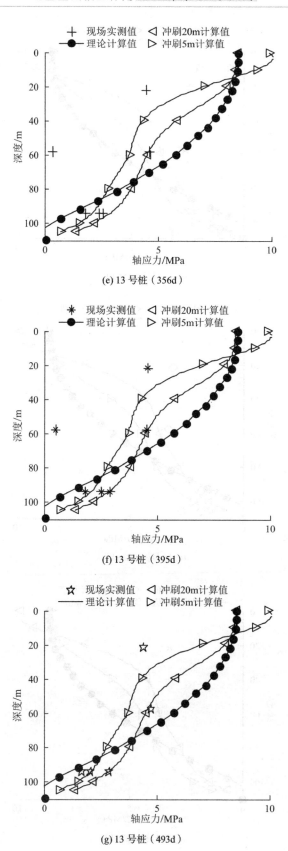

(e) 13 号桩（356d）

(f) 13 号桩（395d）

(g) 13 号桩（493d）

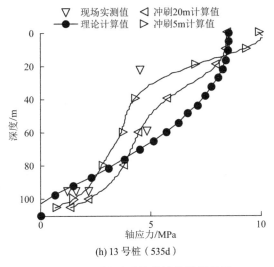

(h) 13 号桩（535d）

图 7-14　群桩基础数值计算结果分析

7.5　结　论

（1）存在临空面时，群桩基础两侧边缘基桩与地面交界处应变和应力等值线均较密集，说明该处由于冲刷和水平荷载作用形成了不对称接触边界，并会产生应力集中，从而提高产生折屈失稳和发生整体稳定性问题的可能性。

（2）水平荷载作用下，计算所得桩基础和桩周土体中的等值线图明显向右偏移，水平荷载越大、临空面尺寸越大，偏移越明显，折屈失稳和整体稳定性问题越严重。

（3）竖向应力等值线基本分布在桩体内部，最靠外两侧桩体轴力最大，且延伸至地层深部，次靠外的两侧桩体受轴力较大，但向地层深部延伸较浅，群桩基础和承台受附加应力较大部分构成拱形受力结构，需要在桩基础设计计算中重点考虑。

第 **8** 章

沉井地基基础相互作用模型与解研究

8.1 概 述

大型土木和水利工程很多都采用沉井基础，沉井基础具有其他基础形式不可替代的抗弯刚度大的优点，即在受很大的横向荷载和弯矩时，水平位移相对于其他基础形式小。沉井基础在船只撞击荷载、水流荷载、风荷载、地震[141-143]以及工作荷载等的作用下，可能发生剧烈的基础和地基土的相互作用变形和破坏，需要对其进行研究和预测[144]。

跨江过海桥梁等大型工程的沉井基础受季节性水流冲刷、船只撞击等因素影响，基础和地基土体的相互作用非常复杂，并直接影响基础结构内力分布和变化。本章拟对不同的荷载组合下沉井基础与地基岩土层的相互作用规律及沉井基础的内力变化展开研究。目前，国内外针对水下沉井基础和地基土的相互作用及其内力定量计算研究较少[145]，所以本章拟基于大直径桩基础和地基土的相互作用力学分析原理[139]研究沉井基础内力及各种荷载组合下的基础结构位移场。

高承台沉井基础在水平荷载作用下的受力分析需考虑沉井结构嵌入土体部分和地面以上的悬挑部分的受力不连续性，必须用分段函数描述，所以求解时需要考虑连续性条件。

根据上述分析，本章首先建立沉井-高承台体系力学和数学模型。其次，建立模型的边界条件和连续性条件，求解数学模型得到问题的解析解。最后，结合工程算例对解析解进行工程应用计算，对高承台沉井在水平荷载作用下的水平位移和内力分布计算结果进行分析。

8.2 数学力学模型建立和推导求解

考虑水流冲刷，高承台沉井基础的悬臂部分长度随冲刷面标高变化而变化，建立图8-1

所示的力学分析模型，由图可知 4 个沉井和最大冲刷面位置。根据沉井基础在水平荷载下的挠度转角和剪力弯矩等之间的微分关系以及静力平衡条件，假定沉井周围土体为 Winkler 离散线性弹簧，对于图 8-1（b）所示的 L_s 段可建立水平荷载下微分方程式(8-1)。

$$\frac{\mathrm{d}^4 y_2}{\mathrm{d}z^4} + p(z, y_2) = 0 \tag{8-1}$$

式中：$p(z, y_2) = \alpha^5 z y_2$，$\alpha = \sqrt[5]{m b_0 / EI}$ 为水平变形系数(1/m)，$b_0 = 0.9 \times (d + 1)$ 为计算宽度，m 为沉井基础所在场地的地基土抗力系数[146]。

由于冲刷面以上沉井没有受土体抗力，对于图 8-1（b）所示的 L_w 段可建立微分方程式(8-2)。

$$\frac{\mathrm{d}^4 y_1}{\mathrm{d}z^4} + \frac{q_\mathrm{w}}{EI} = 0 \tag{8-2}$$

式中：y_1、y_2 为横向挠度；z 为沿沉井埋深位置坐标；受到大小为 q_w 的水流冲击分布力的作用，其取值根据表 8-1 中的流速计算。EI 为沉井截面抗弯刚度系数，取 $EI = 0.85 E_c I_0$，I_0 为沉井换算截面惯性矩，对圆形截面 $I_0 = d W_0 / 2$；W_0 为沉井换算截面模量，沉井环形截面 W_0 表达如下：

$$W_0 = \left[\frac{\pi}{64} M_1 + \frac{\pi}{4} M_2 \rho_\mathrm{g} (\alpha_\mathrm{E} - 1) \frac{d_0^2}{8} \right] / \left(\frac{d}{2} \right)$$

其中：$M_1 = (d - 2\Delta t)^4 - (d - 2t_1)^4$，$M_2 = (d - 2\Delta t)^2 - (d - 2t_1)^2$；$d$ 为直径；d_0 为扣除保护层的沉井直径；α_E 为钢筋弹性模量和混凝土弹性模量的比值；ρ_g 为配筋率；t_1 为沉井壁厚。

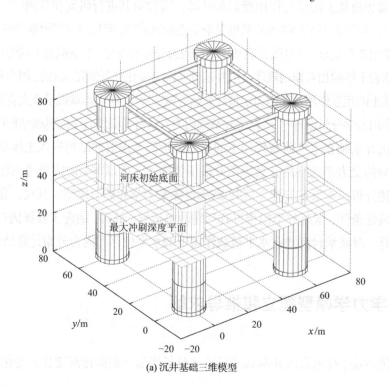

(a) 沉井基础三维模型

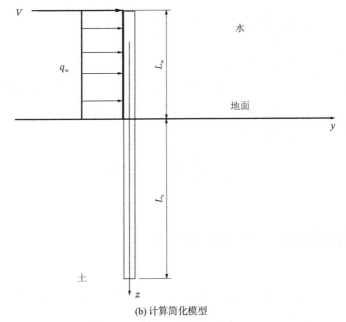

(b) 计算简化模型

图 8-1　沉井基础力学分析模型

荷载组合表　　　　　　　　　　　　　　　　表 8-1

序号	类型	工况	备注
1	承载力极限状态（基本组合）	最大风对应基础作用力（取设计值）、最高水位，70%冲刷深度	可变荷载考虑流水压力和波浪力；70%冲刷深度时沉井结构悬臂长 36.7m，定水的流速为 2.5m/s
2		最大风对应基础作用力（取设计值）、最低水位，70%冲刷深度	可变荷载考虑流水压力、波浪力和基础风荷载，波高 2.0m，波长 60m
3		50%最大风对应基础作用力（取设计值），最高水位，最大冲刷深度	可变荷载考虑流水压力和波浪力；最大冲刷深度时沉井结构悬臂长度 44.5m
4	承载力极限状态（偶然组合）	最大冲刷深度，最大撞击力，20m/s 风时对应基础作用力（取设计值）	和撞击力组合的活荷载有，流水压力，波浪力和基础风荷载。船舶撞击力按 60000kN 计算
5		地震组合，地震加速度 0.10	按《建筑抗震设计规范》GB 50011—2010（2016年版）

由于沉井截面刚度很大，假设沉井与承台为铰链连接或沉井顶部截面为自由端，所以该处边界条件为：

$$y_1''(-L_w) = 0, \quad y_1'''(-L_w) = V/EI \tag{8-3}$$

沉井端部（埋深最大处）边界条件为式(8-4)。

$$y_2(L_s) = 0, \quad y_2'(L_s) = 0 \tag{8-4}$$

$z = 0$ 处的连续性条件见式(8-5)。

$$y_1(0) = y_2(0), \ y_1'(0) = y_2'(0), \ y_1''(0) = y_2''(0), \ y_1'''(0) = y_2'''(0) \tag{8-5}$$

根据式(8-1)~式(8-5)求解可得沉井结构的挠度方程式(8-6)、式(8-7)。

$$y_1 = \frac{C_{10}z^3}{6} + \frac{C_{20}z^2}{2} + C_{30}z + C_{40} \tag{8-6}$$

$$y_2 = C_1{}_0F_3\left(;\frac{2}{5},\frac{3}{5},\frac{4}{5};\sigma_1\right) + C_2 z_0{}_0F_3\left(;\frac{3}{5},\frac{4}{5},\frac{6}{5};\sigma_1\right) + C_3 z^2{}_0{}_0F_3\left(;\frac{4}{5},\frac{6}{5},\frac{7}{5};\sigma_1\right) +$$
$$C_4 z^3{}_0{}_0F_3\left(;\frac{6}{5},\frac{7}{5},\frac{8}{5};\sigma_1\right) \tag{8-7}$$

式中：$\sigma_1 = -\frac{\alpha^5 z^5}{625}$，$_0F_3 = \text{Hypergeom}(\ )$为超几何函数；式(8-6)、式(8-7)中的 8 个待定参数可根据式(8-3)～式(8-5)的 4 个边界条件和 4 个连续性条件求得。根据变形分量和内力分量间的微分关系，弯矩和剪力可表示为式(8-8)。

$$M = EI\frac{\mathrm{d}^2 y}{\mathrm{d}z^2}; \quad Q = EI\frac{\mathrm{d}^3 y}{\mathrm{d}z^3} \tag{8-8}$$

8.3 抗弯抗剪强度和安全系数计算

根据《混凝土结构设计规范》GB 50010—2010，如图 8-2 所示，沿周边均匀配置纵向钢筋的圆环截面受弯构件，其正截面受弯承载力由下式计算：

$$\alpha\alpha_1 f_c A + (\alpha - \alpha_t)f_y A_s = 0 \tag{8-9}$$

$$M_{\max} \leqslant \alpha_1 f_c A(r_1 + r_2)\frac{\sin\pi\alpha}{2\pi} + f_y A_s r_s \frac{\sin\pi\alpha + \sin\pi\alpha_t}{\pi} \tag{8-10}$$

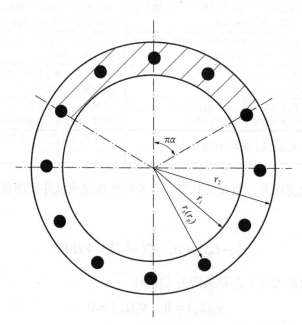

图 8-2　沉井单井纵向钢筋配置

式中：A为环形截面面积；A_s为全部纵向钢筋的截面面积；r_1、r_2为环形截面内外半径；r_s为纵向钢筋重心所在圆周的半径；α为受压区混凝土截面面积和全截面面积的比值；α_t为纵向受拉钢筋截面面积与全部纵向钢筋截面面积的比值，$\alpha_t = 1 - 1.5\alpha$，当$\alpha > 2/3$时，取

$\alpha_t = 0$。

环形截面的钢筋混凝土受弯构件和偏心受压构件斜截面受剪承载力可按《混凝土结构设计规范》GB 50010—2010 计算，此时，式(8-9)、式(8-10)中的截面宽度b和截面有效高度h_0应分别以 1.76r和 1.6r代替，r为圆形截面的半径，对于圆环截面，尚应对截面面积进行折减。受剪截面应符合下列条件：

$$R_h \leqslant 0.25\beta_c f_c b h_0 \frac{(d - 2\Delta t)^2 - (d - 2t_1)^2}{(d - 2\Delta t)^2} \tag{8-11}$$

式中：R_h为构件截面上的最大剪力设计值；β_c为混凝土强度影响系数：当混凝土强度等级不超过 C50 时，取$\beta_c = 1.0$；当混凝土强度等级为 C80 时，取$\beta_c = 0.8$；其间按线性内插法确定；f_c为混凝土轴心抗压强度设计值；b为矩形截面的宽度，对圆形截面，$b = 1.76 \times d/2$；h_0为截面的有效高度，对圆形截面，$h_0 = 1.6 \times d/2$。根据式(8-9)～式(8-11)计算可得沉井承载力极限状态计算的受弯承载力值M_{kw}和正截面受剪承载力值Q_{kj}。由式(8-8)计算可得沉井结构最大弯矩M_{max}和最大剪力Q_{max}。进而可以得到受弯和受剪安全系数计算式(8-12)。

$$k_m = \frac{M_{kw}}{M_{max}}, \quad k_Q = \frac{Q_{kj}}{Q_{max}} \tag{8-12}$$

8.4　算例分析

根据《江中基础选型研究报告》[147]，某过江通道沉井基础方案计算参数如下：$m = 35\text{MN/m}^4$，$\alpha = 0.336$，$V = 385\text{kN}$；采用 HRB 335（20MnSi）热轧钢筋：$f_y = 3 \times 10^5\text{kPa}$，$E_s = 2.0 \times 10^8\text{kPa}$。采用 C30 混凝土，其抗压、抗拉和压缩模量标准值为：

$$f_{ck} = 20.1 \times 10^3\text{kPa}, \quad f_{tk} = 2.01 \times 10^3\text{kPa},$$

$$E_c = 3.00 \times 10^7\text{kPa}$$

沉井最大外径和配筋率为：$d = 16\text{m}$，$\rho_g = 0.02$。

沉井结构采用钢筋混凝土沉井。首节采用钢壳混凝土沉井。沉井为圆形结构，上部平面尺寸外径为 15m 的圆形，壁厚 1.5m；下部平面尺寸外径为 16m 的圆形，壁厚 2.0m。沉井设计为外阶梯形，由下至上分 6 级缩减。沉井顶板厚度为 4m，封底厚 4m，内部隔仓壁厚 0.8m。结构如图 8-3 和图 8-4 所示。根据式(8-9)～式(8-11)可得沉井承载力极限状态计算的受弯承载力值和正截面受剪承载力值。由式(8-8)计算可得沉井结构最大弯矩M_{max}和最大剪力Q_{max}。

根据上述内力推导结果、算例计算参数分析，针对表 8-1 所示的五种工况的荷载组合分别进行计算，计算结果见表 8-2 和图 8-5。

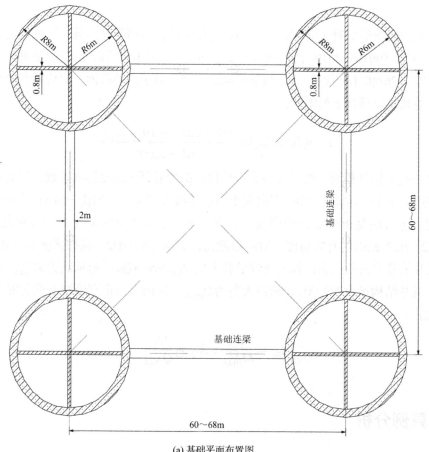

(a) 基础平面布置图

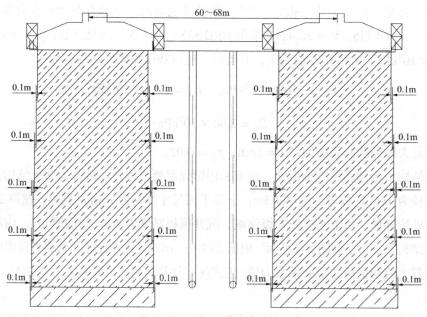

(b) 基础立面布置图

图 8-3 沉井基础布置

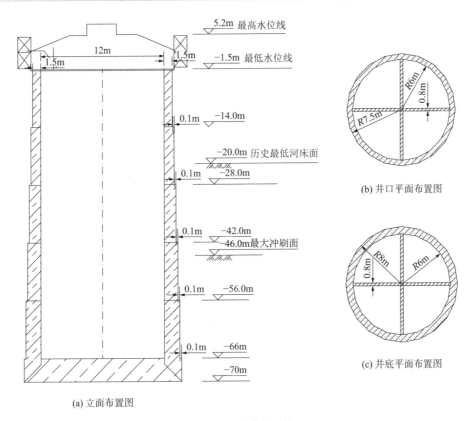

(a) 立面布置图

图 8-4 沉井单井结构

沉井结构计算结果   表 8-2

序号	M_{max}/（MN·m）	Q_{max}/MN	抗弯安全系数	抗剪安全系数	σ_{max}/MPa	τ_{max}/MPa
1	0.49	0.026	5.0	16	2.2	0.36
2	0.45	0.024	5.43	17.3	2.0	0.34
3	0.39	0.024	6.24	17.5	1.8	0.33
4	1.20	0.071	2.04	5.82	5.4	1.0
5	0.68	0.041	3.59	10.1	3.1	0.57

本章基于工程实例，分析计算可得下述结论：

（1）在各种荷载组合下，井身最大弯矩 450～1200kN·m，最大剪力 24～71kN，最大拉应力在 1.8～5.4MPa，超过了混凝土抗拉强度，混凝土会产生开裂；最大剪应力 0.33～1.0MPa。

（2）沉井与承台接触部位最大位移 14.6～47.8mm，沉井与河床面接触处最大位移 2.1～5.6mm；在最大竖向荷载作用下，沉井基础总沉降量约为 273mm。

（3）不同工况下沉井抗弯安全系数计算值见表 8-2。相对群桩基础[147]，沉井在同样的设计水平力作用下的挠度、弯矩和剪力沿深度的延伸范围较大，但弯矩和剪力的变化都比群桩基础平缓，井身截面的最大剪力和弯矩也比其他基础的总剪力和弯矩小得多，所以得到安全系数或储备较大、挠度较小的计算结果。

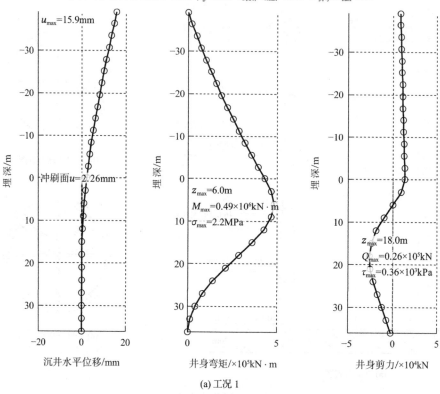

(a) 工况 1

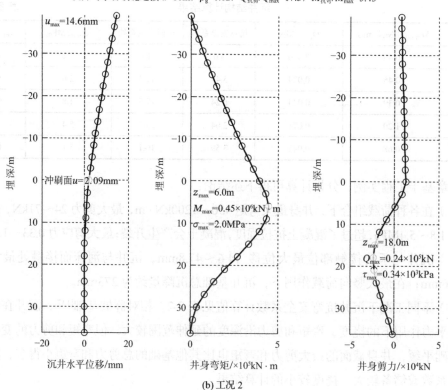

(b) 工况 2

沉井与承台铰链连接 $d=16\text{m}$，$\rho_g=0.02$，$Q_{\text{抗剪}}/Q_{\text{max}}=17.5$，$M_{\text{抗弯}}/M_{\text{max}}=6.24$

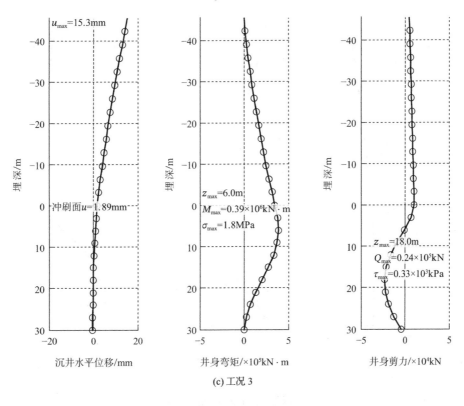

(c) 工况 3

沉井与承台铰链连接 $d=16\text{m}$，$\rho_g=0.02$，$Q_{\text{抗剪}}/Q_{\text{max}}=5.82$，$M_{\text{抗弯}}/M_{\text{max}}=2.04$

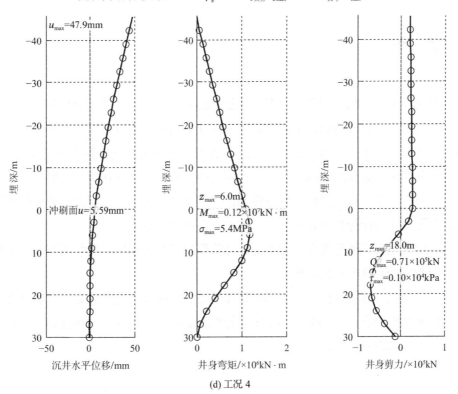

(d) 工况 4

沉井与承台铰链连接 d=16m，ρ_g=0.02，$Q_{抗剪}/Q_{max}$=10.1，$M_{抗弯}/M_{max}$=3.59

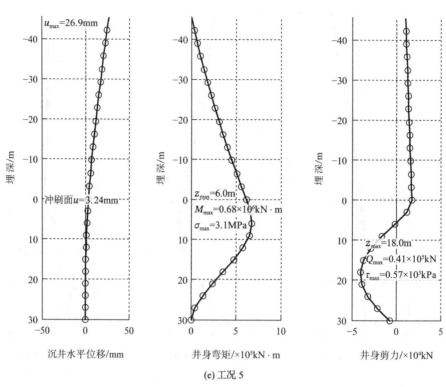

(e) 工况 5

图 8-5　沉井挠度和内力图

8.5　结　论

高承台沉井基础在水平荷载作用下产生复杂的地基土层和基础的相互作用，水平荷载为影响高承台沉井承载性能的最主要因素，本章针对该问题的研究包括下述方面：

首先，建立沉井-地基土相互作用体系力学模型，分析沉井基础在水平荷载下的挠度、转角、剪力和弯矩等分量之间的微分关系，根据静力平衡条件建立微分方程。

其次，建立力学计算所需的边界条件和连续性条件，对微分方程进行求解得到问题的解析解，并分析了不同荷载组合下沉井工作安全系数计算方法。

最后，结合工程算例并考虑多种工况，计算得到沉井在水平荷载作用下的水平位移、剪力及弯矩和安全系数等数据结果。

由本章计算结果分析可得，沉井基础整体性好、刚度大、稳定性好，对船撞和地震等水平力作用承受能力强，可以将水平荷载向土体深部传递，沉井沿井身的内力分布较均匀，最大挠度、剪力和弯矩相对较小。

第 9 章

常数值边界条件下的固结解和工程计算

9.1 概　述

地基处理方法（如真空超载联合预压和压桩挤土等）都会在饱和黏土中产生超静孔隙水压力（EPWP），而该压力的产生和消散会对地基土的工程力学性质产生各种影响。

对饱和黏土中压桩施工产生的 EPWP 及其消散进行了研究[80]。研究结果表明[119]，随着固结的推进，桩的承载能力会增加，而平均固结程度与桩基础的承载能力呈线性关系。文献[148]在软黏土中安装孔压计，测试压桩引起的 EPWP，并通过引入对数应变参数及考虑大变形，对饱和软土的软化特性进行了研究。

文献[133,148]分析了土壤中超静孔隙水压力的分布和大小，建立了桩间土体固结模型，并编制了三维固结和变形理论的计算程序，计算得出了桩间固结增长速率与测得的桩承载能力增长速率之间的关系。计算结果表明承载力变化与土体固结速率之间的同步性很好，因此本章拟从土体固结的角度研究封闭环境中桩群之间的横观各向同性土体的固结解。

文献[133,149]根据齐次边界条件假设，分析并推导了由压桩挤土造成的 EPWP 及其消散的解，本章拟基于该研究推导非零常数值边界条件下，封闭空间内密集群桩基础的桩间饱和黏土固结和渗流解，并应用理论解计算其固结度随时间的变化规律。

文献[150]用有限差分法对地下水渗流进行数值模拟，分析砂土的渗流破坏模式，通过数值方法得到渗流场的空间分布和不同工况下的渗透破坏模式。文献[151]研究了桩在负载试验期间沿承载部位安装的应变计测试得到应变值数据，提出了一种基于能量混合桩行为的数值模拟方法。文献[152]应用有限差分法对地下水流进行数值模拟，以分析砂土的渗流破坏模式，分析了围堰半径、土的摩擦角和膨胀性对破坏模式的影响。基于上述数值研究方法，本章将为相应的工程案例建立有限元模型，使用 Matlab 编制程序，计算并绘制孔隙水压力消散的等值线，并验证本书推导的理论解决方案的正确性和收敛性。

9.2 力学模型和解

偏微分方程和边界条件[90]写为式(9-1)～式(9-3)，并表示为图 9-1 所示的封闭环境中的饱和黏土固结模型。所谓封闭环境是指大面积分布的群桩基础，且桩基础周围的场地排水不畅或周围场地土为经过地基处理的低渗透性的其他已建土木工程基础。在封闭环境下，群桩场地内固结渗流具有空间性，但工程场地以外区域渗流基本不受在建工程的压桩影响，所以桩间土的固结特性不同于单桩桩周土体固结，也不同于一般场地条件下的群桩基础桩间土体的固结，需要根据其独特的边界条件单独研究。

$$\frac{\partial u}{\partial t} = C_\mathrm{h} \frac{1}{r} \frac{\partial}{\partial r} \left(r \frac{\partial u}{\partial r} \right) + C_\mathrm{v} \frac{\partial^2 u}{\partial z^2} \tag{9-1}$$

$$u|_{t=0} = f(r, z) \tag{9-2}$$

$$u|_{z=0} = u_0, u|_{z=H} = u_H, \frac{\partial u}{\partial r}\Big|_{r=r_\mathrm{w}} = 0, \frac{\partial u}{\partial r}\Big|_{r=r_\mathrm{e}} = 0 \tag{9-3}$$

式中：u 为超静孔隙水压力的函数；C_h、C_v 分别为径向和垂直方向固结系数；r、z 分别为径向和竖直坐标；$f(r,z)$ 为孔隙水压力的初始条件函数 $u|_{t=0} = f(r,z)$；r_w 为井半径；r_e 为研究区域半径；H 是饱和黏土层厚度；u_0 是地面位置 $z=0$ 的孔隙水压力；u_H 是底面 $z=H$ 处的孔隙水压力。

为了齐次化化边界条件，将 $u(r,z,t)$ 表示为式(9-4)

$$u = V + W \tag{9-4}$$

式中：$u = u(r,z,t)$；$V = V(r,z,t)$；$W = W(r,z) = S_\mathrm{sfr}(r) \cdot \left(z \times \frac{u_H - u_0}{H} + u_0 \right)$，$S_\mathrm{sfr}$ 表示为式(9-5)。当井半径为 r_w，式(9-5)可表示为图 9-2。

$$S_\mathrm{sfr}(r) = \begin{cases} 1, & r_\mathrm{w} < r < r_\mathrm{e} \\ 0, & r \geqslant r_\mathrm{e} \quad \text{or} \quad r \leqslant r_\mathrm{w} \end{cases} \tag{9-5}$$

将式(9-4)代入式(9-1)可得到方程式(9-6)

$$\frac{\partial V}{\partial t} = C_\mathrm{h} \frac{1}{r} \frac{\partial}{\partial r} \left(r \frac{\partial V}{\partial r} \right) + C_\mathrm{v} \frac{\partial^2 V}{\partial z^2} - \frac{\partial W(r,z)}{\partial t} \tag{9-6}$$

式中：$\partial V/\partial r|_{r=r_\mathrm{e}} = 0$；$V|_{z=0} = 0$；$V|_{z=H} = 0$ 和初始条件 $V(r,z,0) = f(r,z) - W$。

设 $V(r,z,t) = R(r)Z(z)T(t)$，式(9-6)可以表示为式(9-7)

$$RZT' - C_hDZT - C_vTRZ'' = 0 \tag{9-7}$$

式中：$D = R'' + \dfrac{R'}{r}$；$T' = \dfrac{\mathrm{d}T}{\mathrm{d}t}$；$R'' = \dfrac{\mathrm{d}R'}{\mathrm{d}r}$；$Z'' = \dfrac{\mathrm{d}^2Z}{\mathrm{d}z^2}$。

通过引入参数 μ，式(9-7)可以表示为式(9-8)。

$$\frac{Z''}{Z} = \frac{RT' - C_hDT}{C_vTR} = -\mu \Rightarrow \begin{cases} Z'' + \mu Z = 0 \\ RT' - C_hDT + \mu C_vTR = 0 \end{cases} \tag{9-8}$$

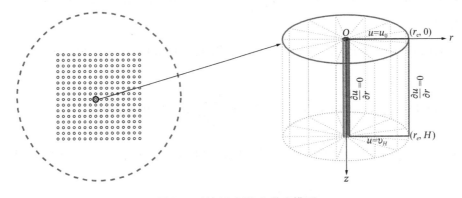

图 9-1 封闭空间饱和黏土模型

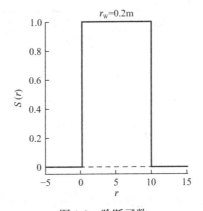

图 9-2 阶跃函数

对于式(9-8)$RT' - C_hDT + \mu C_vTR = 0$，可引入参数 λ 得到方程式(9-9)。

$$\frac{T'}{C_hT} = \frac{D - \mu\dfrac{C_v}{C_h}R}{R} = -\lambda \Rightarrow \begin{cases} T' + \lambda C_hT = 0 \\ R'' + \dfrac{R'}{r} + \left(\lambda - \mu\dfrac{C_v}{C_h}\right)R = 0 \Rightarrow R'' + \dfrac{R'}{r} + \alpha^2R = 0 \end{cases} \tag{9-9}$$

式(9-8)、式(9-9)满足式(9-6)的边界条件和初始条件。

求解微分方程式(9-8)、式(9-9)可以得到方程式(9-10)~式(9-12)

$$Z_k(z) = C_k \sin\sqrt{\mu_k}\,z \tag{9-10}$$

$$\begin{cases} R_i(r) = C_iJ_0(\alpha_ir) - C_i\dfrac{J_1(\alpha_ir_e)}{Y_1(\alpha_ir_e)}Y_0(\alpha_ir) & (\alpha_i \neq 0) \\ R_0(r) = Const. & (\alpha_i = 0) \end{cases} \tag{9-11}$$

$$T(t) = Ae^{-\lambda C_h t} \tag{9-12}$$

式中：$\mu_k = \frac{\pi^2}{4}\frac{(2k-1)^2}{H^2}(k=1,2,3,L)$；$Y_0$、$Y_1$、$J_0$和$J_1$是贝塞尔函数；$\alpha_i(i=1,2,3,L)$是 $J_1(\alpha r_0)Y_1(\alpha r_e) - J_1(\alpha r_e)Y_1(\alpha r_0) = 0$ 的 正 特 征 值； 特 征 函 数 $\left\{\sin(\sqrt{\mu_k}z),\left[J_0(\alpha_i r) - \frac{J_1(\alpha_i r_e)}{Y_1(\alpha_i r_e)}Y_0(\alpha_i r)\right]\sin(\sqrt{\mu_k}z)\right\}(k=1,2,3\cdots;i=1,2,3\cdots)$可以根据式(9-10)～式(9-12)算得。

可以验证$\left\{\sin(\sqrt{\mu_k}z),\left[J_0(\alpha_i r) - \frac{J_1(\alpha_i r_e)}{Y_1(\alpha_i r_e)}Y_0(\alpha_i r)\right]\sin(\sqrt{\mu_k}z)\right\}(k=1,2,3\cdots;i=1,2,3\cdots)$具完备正交性。

结合上述固结渗流的初始条件和完备正交性，可以推导$V(r,z,t)$的级数解，并表示为式(9-13)

$$V(r,z,t) = \sum_{k=1}^{\infty} C_{k,0}\sin(\sqrt{\mu_k}z)e^{-\lambda_{k,0}C_h t} + \sum_{i=1}^{\infty}\sum_{k=1}^{\infty} C_{k,i}M_i\sin(\sqrt{\mu_k}z)e^{-\lambda_{k,i}C_h t} \tag{9-13}$$

式中：$M_i = \left[J_0(\alpha_i r) - \frac{J_1(\alpha_i r_e)}{Y_1(\alpha_i r_e)}Y_0(\alpha_i r)\right]$，$\lambda_{k,0} = n\mu_k$，$\lambda_{k,i} = \alpha_i^2 + n\mu_k \ (k,i=1,2,3,\cdots)$

$$C_{k,i} = \frac{\displaystyle\int_{r_0}^{r_e}\int_0^H V(r,z,0)M_i\sin(\sqrt{\mu_k}z)r\,dr\,dz}{\displaystyle\int_{r_w}^{r_e}\frac{H}{2}\frac{[J_0(\alpha_i r)Y_1(\alpha_i r_e) - Y_0(\alpha_i r)J_1(\alpha_i r_e)]^2}{J_1^2(\alpha_i r_e)}r\,dr}$$

$$C_{k,0} = \frac{\displaystyle\int_{r_0}^{r_e}\int_0^H V(r,z,0)r\sin(\sqrt{\mu_k}z)\,dr\,dz}{\displaystyle\int_{r_0}^{r_e}\int_0^H r\sin^2(\sqrt{\mu_k}z)\,dr\,dz}$$

根据式(9-4)和式(9-13)中，偏微分方程式(9-1)的理论解可以表示为式(9-14)。

$$u = V + S_{sfr}(r)\cdot\left(z\times\frac{u_H - u_0}{H} + u_0\right) \tag{9-14}$$

平均固结度可以定义为式(9-15)

$$U(t) = 1 - \int_0^{r_e}\int_0^H ur\,dr\,dz \Big/ \int_0^{r_e}\int_0^H fr\,dr\,dz \tag{9-15}$$

9.3　工程实例计算

9.3.1　物理和几何参数

根据桩基试验[139]，几何参数为$H=24.5m$，$r_w=0.2m$，$r_e=10m$。根据表 9-1 所示物理力学参数，以土层厚度为权重，计算参数的平均值如下：

$$\gamma' = \frac{18 \times 7 + 17.2 \times 10 + 18.3 \times 7.5}{24.5} - 9.8 \approx 7.97\text{kN};$$

$$E_\text{s} = \frac{3000 \times 7 + 2800 \times 10 + 5000 \times 7.5}{24.5} \approx 3.53 \times 10^3\text{kN};$$

$$k_\text{v} = \frac{0.015 \times 7 + 0.01 \times 10 + 0.015 \times 7.5}{24.5} \times 0.01 \approx 1.30 \times 10^{-4}\text{m/d}$$

$$k_\text{h} = \frac{0.15 \times 7 + 0.1 \times 10 + 0.15 \times 7.5}{24.5} \times 0.01 \approx 12.96 \times 10^{-4}\text{m/d}$$

$$C_\text{v} = \frac{(1 + \nu)k_\text{v}E_\text{s}}{3(1 - \nu)\gamma_\text{w}} \approx 0.0309\text{m}^2\text{d};$$

$$C_\text{h} = \frac{(1 + \nu)k_\text{h}'E_\text{s}}{3(1 - \nu)\gamma_\text{w}} \approx 0.206\text{m}^2/\text{d}.$$

式中：γ_w 是水的重度，$\nu = 0.48$ 是饱和黏土的泊松比。

土壤物理力学参数　　　　　　　表 9-1

土层	厚/m	γ/（kN·m³）	e	k_h/（cm/d）	k_v/（cm/d）	E_s/MPa
粉质黏土	7	18.0	1.15	0.15	0.015	3.0
黏土	10	17.2	1.38	0.10	0.010	2.8
黏土	14	18.3	1.02	0.15	0.015	5.0

根据文献[133]，初始条件表示为方程式(9-16)

$$f(r, z) = \frac{r_\text{e} - r}{r_\text{e} - r_\text{w}}(\gamma' z + c_\text{u}) \quad (r_\text{w} \leqslant r \leqslant r_\text{e}) \tag{9-16}$$

式中：$c_\text{u} = 12.4\text{kPa}$。

根据特征方程 $J_1(\alpha r_0)Y_1(\alpha r_\text{e}) - J_1(\alpha r_\text{e})Y_1(\alpha r_0) = 0$，用迭代方法可以得到正特征值，如图 9-3 所示。

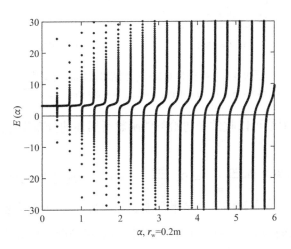

图 9-3　井半径为 0.2m 时的特征值

9.3.2 理论计算与分析

根据式(9-14)~式(9-16)，基于非零常数值边界的封闭空间固结渗流理论解，计算了井半径为 0.2m 时固结渗流场的时空变化和平均固结度。然后，绘制渗流的时空变化等值线，如图 9-4~图 9-12 所示。

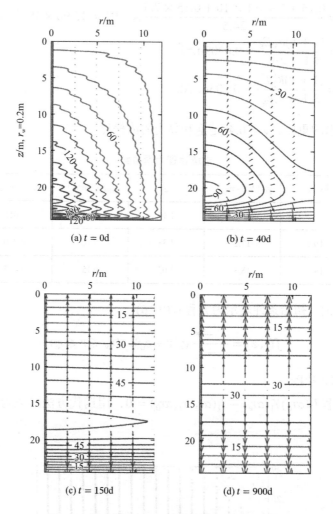

图 9-4 井半径为 0.2m 时固结渗流的时空变化

$z = 0$，$u = 0\text{kPa}$；$z = H$，$u = 0\text{kPa}$；$r = r_{\text{w}}$，$\dfrac{\partial u}{\partial r} = 0\text{kPa/m}$；$r = r_{\text{e}}$，$\dfrac{\partial u}{\partial r} = 0\text{kPa/m}$

（1）$t = 0$ 时，等值线可以收敛于初始条件函数所描述的分布规律式(9-16)，初步验证了本书解的正确性。

（2）对于齐次边界条件 $\dfrac{\partial u}{\partial r}\Big|_{r=r_{\text{w}}} = 0$，$\dfrac{\partial u}{\partial r}\Big|_{r=r_{\text{e}}} = 0$，相应边界处径向速度必须为 0，如图 9-4~图 9-12 所示，本书解的计算结果都能满足边界处径向渗流速度为 0 的要求。

（3）平均固结度曲线如图 9-13 所示。边界值影响固结的速度和固结度的最终值，负孔隙水压力可以提高固结速度。

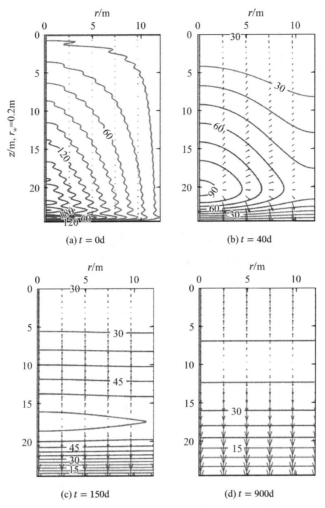

图 9-5　井半径为 0.2m 时固结渗流的时空变化

$z=0$, $u=30\text{kPa}$; $z=H$, $u=0\text{kPa}$; $r=r_{\text{w}}$, $\dfrac{\partial u}{\partial r}=0\text{kPa/m}$; $r=r_{\text{e}}$, $\dfrac{\partial u}{\partial r}=0\text{kPa/m}$

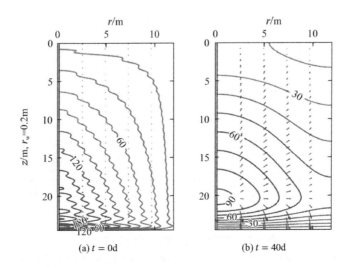

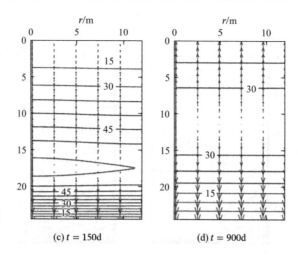

(c) $t = 150$d

(d) $t = 900$d

图 9-6 井半径为 0.2m 时固结渗流的时空变化

$z = 0$，$u = 20$kPa；$z = H$，$u = 0$kPa；$r = r_w$，$\frac{\partial u}{\partial r} = 0$kPa/m；$r = r_e$，$\frac{\partial u}{\partial r} = 0$kPa/m

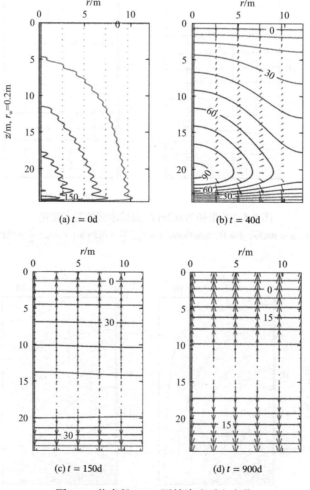

(a) $t = 0$d

(b) $t = 40$d

(c) $t = 150$d

(d) $t = 900$d

图 9-7 井半径 0.2m 固结渗流时空变化

$z = 0$，$u = -10$kPa；$z = H$，$u = 0$kPa；$r = r_w$，$\frac{\partial u}{\partial r} = 0$kPa/m；$r = r_e$，$\frac{\partial u}{\partial r} = 0$kPa/m

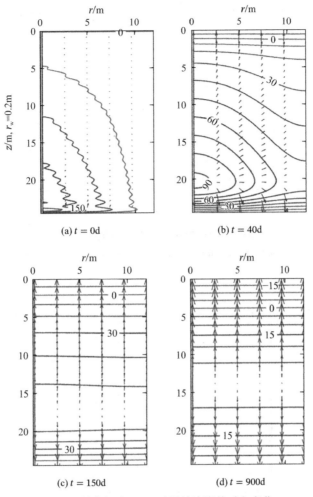

图 9-8　井半径为 0.2m 时固结渗流的时空变化

$z = 0$, $u = -20\text{kPa}$; $z = H$, $u = 0\text{kPa}$; $r = r_w$, $\frac{\partial u}{\partial r} = 0\text{kPa/m}$; $r = r_e$, $\frac{\partial u}{\partial r} = 0\text{kPa/m}$

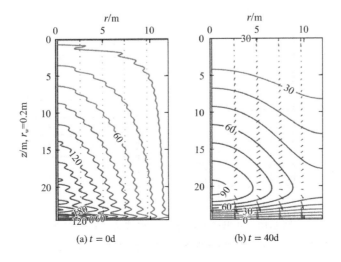

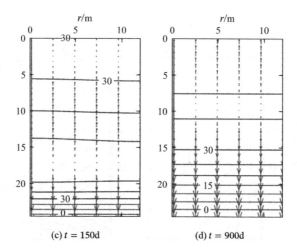

(c) $t = 150\text{d}$ (d) $t = 900\text{d}$

图 9-9 井半径为 0.2m 时固结渗流的时空变化

$z = 0$, $u = 30\text{kPa}$; $z = H$, $u = -5\text{kPa}$; $r = r_\text{w}$, $\frac{\partial u}{\partial r} = 0\text{kPa/m}$; $r = r_\text{e}$, $\frac{\partial u}{\partial r} = 0\text{kPa/m}$

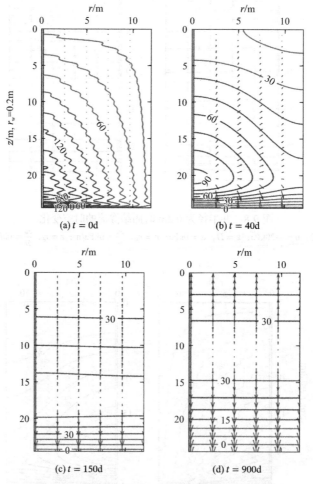

(a) $t = 0\text{d}$ (b) $t = 40\text{d}$

(c) $t = 150\text{d}$ (d) $t = 900\text{d}$

图 9-10 井半径为 0.2m 时固结渗流的时空变化

$z = 0$, $u = 20\text{kPa}$; $z = H$, $u = -5\text{kPa}$; $r = r_\text{w}$, $\frac{\partial u}{\partial r} = 0\text{kPa/m}$; $r = r_\text{e}$, $\frac{\partial u}{\partial r} = 0\text{kPa/m}$

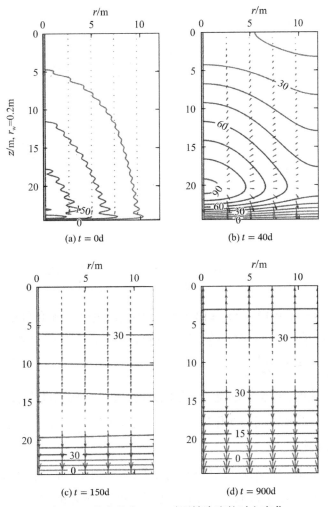

(a) $t = 0d$　　　(b) $t = 40d$

(c) $t = 150d$　　　(d) $t = 900d$

图 9-11　井半径为 0.2m 时固结渗流的时空变化

$z = 0$，$u = 20kPa$；$z = H$，$u = -10kPa$；$r = r_w$，$\frac{\partial u}{\partial r} = 0kPa/m$；$r = r_e$，$\frac{\partial u}{\partial r} = 0kPa/m$

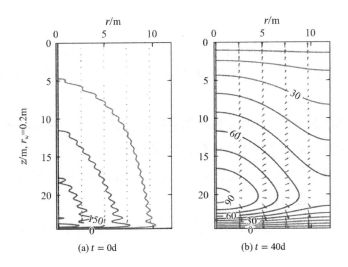

(a) $t = 0d$　　　(b) $t = 40d$

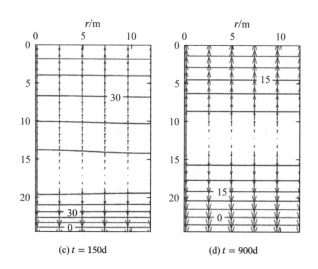

(c) $t = 150d$ (d) $t = 900d$

图 9-12 井半径为 0.2m 时固结渗流的时空变化

$z = 0$, $u = 0kPa$; $z = H$, $u = -10kPa$; $r = r_w$, $\frac{\partial u}{\partial r} = 0kPa/m$; $r = r_e$, $\frac{\partial u}{\partial r} = 0kPa/m$

（4）分析图 9-4～图 9-12，在 $r_e = 10m$ 的边界附近，根据初始条件函数的设置，初始孔隙水压力接近于零。在 $t > 150d$ 时，整个计算区域内固结渗流速度向量分量沿 r 方向趋于 0，符合边界条件 $\frac{\partial u}{\partial r}\Big|_{r=r_w} = 0$, $\frac{\partial u}{\partial r}\Big|_{r=r_e} = 0$。

（5）分析渗流速度，箭头表示流速矢量的方向，箭头线的长度表示流速的大小。同时，超静孔隙水压力等压线随时间的变化规律显示，速度方向始终与等值线垂直，验证了本书推导的理论解的正确性。

（6）使用二维级数的理论解可以模拟边界条件值和该边界处孔隙水压力的初始值之间的突变。然而，在实际计算中，需要计算更多的级数项才能实现这一点，在计算机资源或计算级数项数有限的情况下，可能存在显著的计算误差，即图 9-4～图 9-12 中 0d 的情况。

如图 9-13 所示：

（1）排水边界性质和取值决定了某一时间点的固结度的数值。工况 2 固结土层 400d 的平均固结度是工况 5 的一半。由于工程场地处于封闭环境中，因此整体固结度变化都较慢。

（2）工况 9 和工况 4 的平均固结曲线基本重叠，表明在本书的初始条件下，固结土层顶部和底部的边界压力值对土层固结具有基本相同的效果。

（3）当边界水压值为正时，土层固结速度降低。当边界压力值为负时，固结速度提高，同一时刻土层平均固结度值提高。

（4）计算出的土体固结度随时间和边界条件的变化符合补给或排水假说，验证了理论解的正确性。

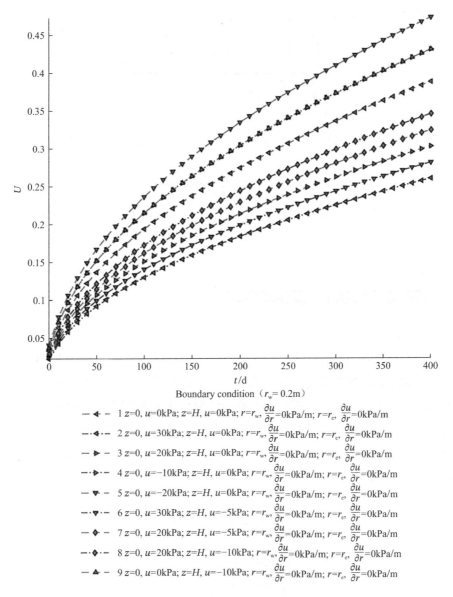

Boundary condition（$r_w = 0.2$m）

$- \triangleleft -$ 1 $z=0$, $u=0$kPa; $z=H$, $u=0$kPa; $r=r_w$, $\dfrac{\partial u}{\partial r}=0$kPa/m; $r=r_e$, $\dfrac{\partial u}{\partial r}=0$kPa/m

$- \cdot \triangleleft \cdot -$ 2 $z=0$, $u=30$kPa; $z=H$, $u=0$kPa; $r=r_w$, $\dfrac{\partial u}{\partial r}=0$kPa/m; $r=r_e$, $\dfrac{\partial u}{\partial r}=0$kPa/m

$- \triangleright -$ 3 $z=0$, $u=20$kPa; $z=H$, $u=0$kPa; $r=r_w$, $\dfrac{\partial u}{\partial r}=0$kPa/m; $r=r_e$, $\dfrac{\partial u}{\partial r}=0$kPa/m

$- \cdot \triangleright \cdot -$ 4 $z=0$, $u=-10$kPa; $z=H$, $u=0$kPa; $r=r_w$, $\dfrac{\partial u}{\partial r}=0$kPa/m; $r=r_e$, $\dfrac{\partial u}{\partial r}=0$kPa/m

$- \blacktriangledown -$ 5 $z=0$, $u=-20$kPa; $z=H$, $u=0$kPa; $r=r_w$, $\dfrac{\partial u}{\partial r}=0$kPa/m; $r=r_e$, $\dfrac{\partial u}{\partial r}=0$kPa/m

$- \cdot \blacktriangledown \cdot -$ 6 $z=0$, $u=30$kPa; $z=H$, $u=-5$kPa; $r=r_w$, $\dfrac{\partial u}{\partial r}=0$kPa/m; $r=r_e$, $\dfrac{\partial u}{\partial r}=0$kPa/m

$- \blacklozenge -$ 7 $z=0$, $u=20$kPa; $z=H$, $u=-5$kPa; $r=r_w$, $\dfrac{\partial u}{\partial r}=0$kPa/m; $r=r_e$, $\dfrac{\partial u}{\partial r}=0$kPa/m

$- \cdot \blacklozenge \cdot -$ 8 $z=0$, $u=20$kPa; $z=H$, $u=-10$kPa; $r=r_w$, $\dfrac{\partial u}{\partial r}=0$kPa/m; $r=r_e$, $\dfrac{\partial u}{\partial r}=0$kPa/m

$- \blacktriangle -$ 9 $z=0$, $u=0$kPa; $z=H$, $u=-10$kPa; $r=r_w$, $\dfrac{\partial u}{\partial r}=0$kPa/m; $r=r_e$, $\dfrac{\partial u}{\partial r}=0$kPa/m

图 9-13　井半径为 0.2m 时不同边界条件的固结度

9.4　退化为单向固结解

　　本书的解是在初始条件是任意函数的条件下得到的一般解。当初始条件函数为常数且假设桩间土各向同性时，该解可以退化为 Terzaghi 单向固结问题的解。式(9-14)是一般解，当 $u(r,z,0)=u_0$，并且 $u|_{z=0}=0$，$u|_{z=H}=0$，

$$\int_{r_0}^{r_e}\int_0^H u_0 M_i \sin(\sqrt{\mu_k}z)\, r\,\mathrm{d}r\,\mathrm{d}z = 0,$$

因此，从式(9-13)可知$C_{k,i} = 0$，

$$C_{k,0} = \frac{\int_{r_0}^{r_e} \int_0^H u_0 r \sin(\sqrt{\mu_k}z)\,\mathrm{d}r\,\mathrm{d}z}{\int_{r_0}^{r_e} \int_0^H r \sin^2(\sqrt{\mu_k}z)\,\mathrm{d}r\,\mathrm{d}z} = \frac{4u_0}{\pi(2k-1)}$$

将$C_{k,i}$、$C_{k,0}$代入式(9-14)并假设$n = \frac{C_v}{C_h} = 1$，可以得到 Terzaghi 单向固结式(9-17)。

$$u(r, z, t) = \sum_{k=1}^{\infty} \frac{4u_0}{\pi(2k-1)} \sin(\sqrt{\mu_k}z) e^{-\lambda_{k,0}C_h t} \tag{9-17}$$

从以上分析可以看出，当初始孔隙水压力均匀分布且$u|_{z=0} = 0$，$u|_{z=H} = 0$，方程(9-14)可以退化为单向固结解，间接验证了上述理论解答推导的合理性。

9.5　有限元（FEM）模拟与验证

　　轴对称固结问题涉及孔隙水压力消散的时空变化规律的研究，这是岩土工程中的一个关键问题，有限元数值模拟在这一问题的研究中起着至关重要的作用。本章利用数值方法分析了孔隙水压力消散规律，增强对本书推导的饱和黏土固结理论解的理解。为了验证本书推导的无穷级数解析解的正确性和收敛性，建立如图 9-14 所示的有限元模型，根据上述理论计算使用的几何、力学参数、边界条件及初始条件，可以得到有限元计算的结果，如图 9-15～图 9-23 所示。

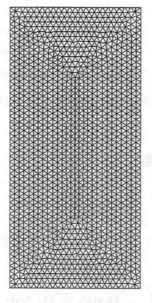

图 9-14　有限元模型

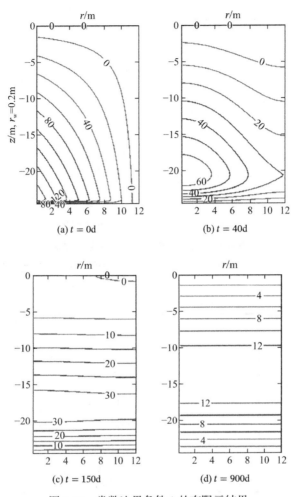

(a) $t = 0\mathrm{d}$ 　　　　(b) $t = 40\mathrm{d}$

(c) $t = 150\mathrm{d}$ 　　　　(d) $t = 900\mathrm{d}$

图 9-15　常数边界条件 1 的有限元结果

$z = 0$，$u = 0\mathrm{kPa}$；$z = H$，$u = 0\mathrm{kPa}$；$r = r_\mathrm{w}$，$\dfrac{\partial u}{\partial r} = 0\mathrm{kPa/m}$；$r = r_\mathrm{e}$，$\dfrac{\partial u}{\partial r} = 0\mathrm{kPa/m}$

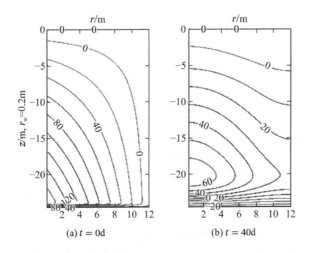

(a) $t = 0\mathrm{d}$ 　　　　(b) $t = 40\mathrm{d}$

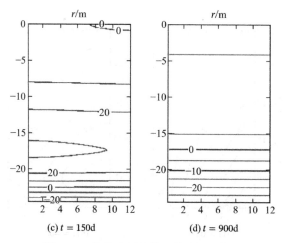

(c) $t = 150$d   (d) $t = 900$d

图 9-16 常数边界条件 2 的有限元结果

$z = 0$, $u = 30$kPa; $z = H$, $u = 0$kPa; $r = r_\text{w}$, $\dfrac{\partial u}{\partial r} = 0$kPa/m; $r = r_\text{e}$, $\dfrac{\partial u}{\partial r} = 0$kPa/m

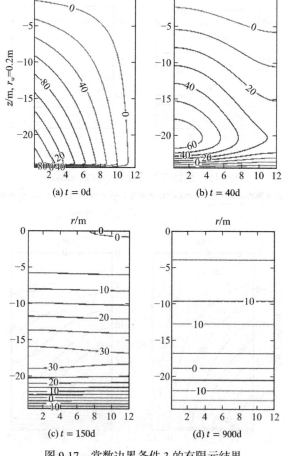

(a) $t = 0$d   (b) $t = 40$d

(c) $t = 150$d   (d) $t = 900$d

图 9-17 常数边界条件 3 的有限元结果

$z = 0$, $u = 20$kPa; $z = H$, $u = 0$kPa; $r = r_\text{w}$, $\dfrac{\partial u}{\partial r} = 0$kPa/m; $r = r_\text{e}$, $\dfrac{\partial u}{\partial r} = 0$kPa/m

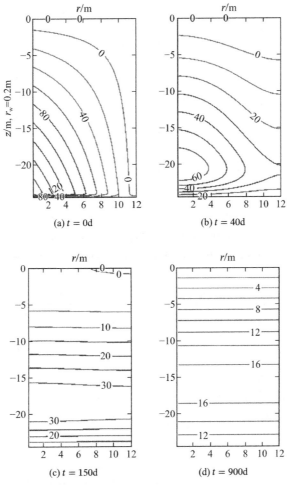

图 9-18　常数边界条件 4 的有限元结果

$z = 0$, $u = -10\text{kPa}$; $z = H$, $u = 0\text{kPa}$; $r = r_\text{w}$, $\frac{\partial u}{\partial r} = 0\text{kPa/m}$; $r = r_\text{e}$, $\frac{\partial u}{\partial r} = 0\text{kPa/m}$

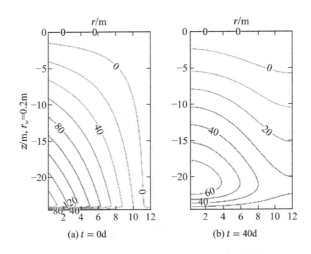

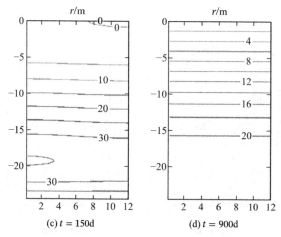

(c) $t = 150$d　　(d) $t = 900$d

图 9-19　常数边界条件 5 的有限元结果

$z = 0$, $u = -20$kPa; $z = H$, $u = 0$kPa; $r = r_{w}$, $\frac{\partial u}{\partial r} = 0$kPa/m; $r = r_{e}$, $\frac{\partial u}{\partial r} = 0$kPa/m

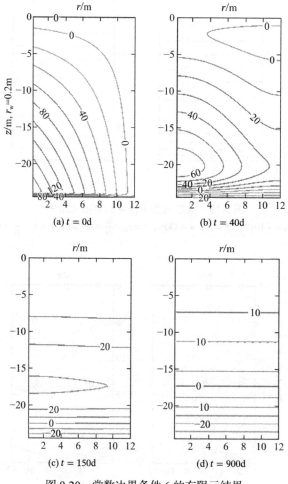

(a) $t = 0$d　　(b) $t = 40$d

(c) $t = 150$d　　(d) $t = 900$d

图 9-20　常数边界条件 6 的有限元结果

$z = 0$, $u = 30$kPa; $z = H$, $u = -5$kPa; $r = r_{w}$, $\frac{\partial u}{\partial r} = 0$kPa/m; $r = r_{e}$, $\frac{\partial u}{\partial r} = 0$kPa/m

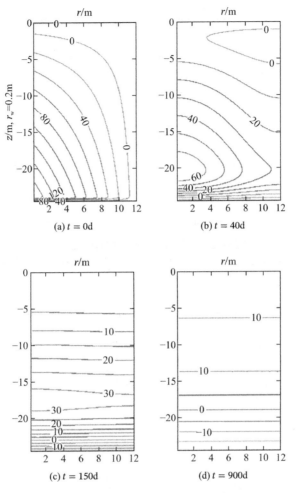

(a) $t = 0d$　　(b) $t = 40d$

(c) $t = 150d$　　(d) $t = 900d$

图 9-21　常数边界条件 7 的有限元结果

$z = 0$，$u = 20\text{kPa}$；$z = H$，$u = -5\text{kPa}$；$r = r_\text{w}$，$\frac{\partial u}{\partial r} = 0\text{kPa/m}$；$r = r_\text{e}$，$\frac{\partial u}{\partial r} = 0\text{kPa/m}$

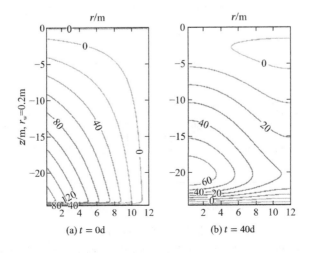

(a) $t = 0d$　　(b) $t = 40d$

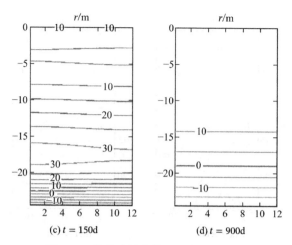

图 9-22　常数边界条件 8 的有限元结果

$z = 0$，$u = 20\text{kPa}$；$z = H$，$u = -10\text{kPa}$；$r = r_\text{w}$，$\frac{\partial u}{\partial r} = 0\text{kPa/m}$；$r = r_\text{e}$，$\frac{\partial u}{\partial r} = 0\text{kPa/m}$

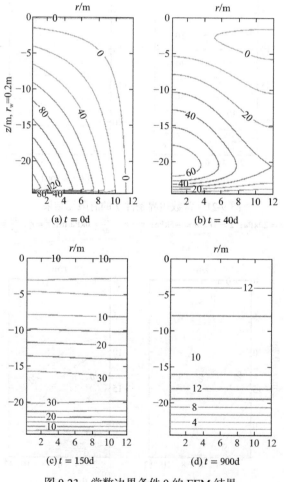

图 9-23　常数边界条件 9 的 FEM 结果

$z = 0$，$u = 0\text{kPa}$；$z = H$，$u = -10\text{kPa}$；$r = r_\text{w}$，$\frac{\partial u}{\partial r} = 0\text{kPa/m}$；$r = r_\text{e}$，$\frac{\partial u}{\partial r} = 0\text{kPa/m}$

针对轴对称固结和孔隙水压力消散问题，理论分析结果的等值线（图 9-4～图 9-12）和有限元数值模拟结果（图 9-15～图 9-23）基本吻合，表明了本书推导得到的理论公式的正确性。尽管部分等值线值存在少量偏差，尤其是初始阶段差异较大，但分析表明，这些偏差主要是由级数解的收敛速率引起的。

9.6　结　论

建立了基于非零常数值边界的封闭空间中饱和黏土固结和渗流偏微分方程，得到了超静孔隙水压力消散规律的理论解。

分析超静孔隙水压力时空变化规律，基于渗流等值线和速度矢量图验证了本书推导得到的理论解的正确性。

当初始孔隙水压力函数为常数时，理论解可以退化为单向固结问题的解，间接验证了解推导过程的合理性和正确性。

推导封闭环境下饱和黏土孔压消散的解，能够有效计算和预测桩群基础桩群间土中超静孔隙水压力的消散程度和承载力的变化，特别是难以通过实验定量确定的群桩基础的承载力变化，为解决该问题提供了较有效的途径。

参 考 文 献

[1] 胡中雄. 土力学与环境土工学[M]. 上海: 同济大学出版社, 1997.

[2] 张明义. 静力压入桩的研究与应用[M]. 北京: 中国建材工业出版社, 2004.

[3] 《桩基工程手册》编写委员会. 桩基工程手册[M]. 北京: 中国建筑工业出版社, 1995.

[4] 施建勇, 彭杰. 沉桩挤土效应研究综述[J]. 大坝观测与土工测试, 2001, 25(3): 5-9.

[5] BISHOP R F, HILL R, MOTT N F. The theory of indentation and hardness tests[J]. 1945.

[6] HILL R. The Mathematical theory of Plasticity[M]. Oxford University Press, 1950.

[7] GIBSON R E, ANDERSON W F. In-situ measurement of soil properties with the pressuremeter[J]. Civil Engineering and Public Works Review, 1961, 56: 615-618.

[8] CARTER J P, BOOKER J R, YEUNG S K. Cavity expansion in cohesive frictional soils[J]. Geotechnique, 1986, 36(3): 349-358.

[9] COLLINS I F, WANG Y. Similarity Solutions for the Qusi-static Expansion of Cavities in Frictional Materials[R]// Research Report No.489. University of Auckland, 1990.

[10] YU H S. Cavity expansion theory and its application to the analysis of pressuremeters[D]. Oxford University, 1990.

[11] YU H S, HOULSBY G T. Finite cavity expansion in dilatant soils: loading analysis[J]. Geotechnic, 1991, 41(2): 173-183.

[12] YU H S. Finite elastoplastic deformation of an internally pressurized hollow sphere[J]. Acta Mechanica Solida Sinica, 1993, 6(1): 81-89.

[13] SCHOFIELD A N, WROTH C P. Critical state soil mechanics[M]. McGraw-Hill, 1968.

[14] ATKINSON J H, BRANSBY P L. The mechanics of soils[M]. McGraw-Hill, 1978.

[15] MUIR W D. Soil behavior and critical state soil mechaniccs[M]. Cambridge University Press, 1990.

[16] COLLINS I F, YU H S. Undrained cavity expansion in critical-state soils[J]. International Journal for Numerical and Analytical Methods in Geomechanics, 1996, 20(7): 489-516.

[17] COLLINS I F, PENDER M J, WANG Y. Cavity expansion in sands under drained loading conditions[J]. International Journal for Numerical and Analytical mothods in Geomechanics, 1992, 16(1): 3-23.

[18] DAVIS R O, SCOTT R F, MULLENGER G. Rapid expansion of a cylindrical cavity in a rate type soil[J]. International Journal for Numerical and Analytical mothods in Geomechanics, 1984, 8, 3-23.

[19] TIMOSHENKO S P, GOODIER J N. Theory of elasity[M]. 3rd ed. McGraw Hill, 1970.

[20] HAI S Y. Cavity expansion methods in geomechanics[M]. London: Kluwer Academic Publishers, 2000.

[21] GRAM J, HOULSBY G T. Anisotropic elasticity of a natural clay[J]. Geotechnique, 1983, 33(2): 165-180.

[22]　CAO L F, TEH C I, CHANG M F. Analysis of undrained cavity expansion in elasto-plastic soils with non-linear elasticity[J]. International Journal for Numerical and Analytical Methods in Geomechanics, 2002, 26: 25-52.

[23]　KEER L M et al. Boundary Effects in Penetration or Perforation. Journal of Applied Mechanics[M]. ASME, 1998(65): 489-496.

[24]　BOLTON M D, WHITTLE R W. A non-linear elastic/perfectly plastic analysis for plane strain undrained expansion tests[J]. Geotechnique, 1999, 49(1): 133-141.

[25]　CARTER J P, BOOKER J R. Elastic consolidation around a deep circular tunnel[J]. International Journal of Solids and Structures, 1982, 18(12), 1059-1074.

[26]　CHOPRA M B, DARGUSH G F. Finite element analysis of time-dependent large deformation problems[J]. International Journal For Numerical And Analytical Methods In Geomechanics, 1992, 6: 101-130.

[27]　CARTER J P, RANDOLPH M F, WROTH C P. Stress and pore pressure changes in clay during and after expansion of a cylindrical cavity[J]. International Journal For Numerical And Analytical Methods In Geomechanics, 1979, 3: 305-322.

[28]　胡中雄, 侯学渊. 饱和软土中打桩的挤土效应[C]//第四届全国土力学与基础工程会议论文集. 1982: 387-392.

[29]　李雄, 刘金砺. 饱和软土中预制桩承载力时效的研究[J]. 岩土工程学报, 1992, 14(4).

[30]　王启铜, 龚晓南, 曾国熙. 考虑探讨拉、压模量不同时静压桩的沉桩过程[J]. 浙江大学学报, 1992, 26(6): 678-687.

[31]　蒋明镜, 沈珠江. 考虑材料应变软化的柱形孔扩张问题[J]. 岩土工程学报, 1995, 17(4): 10-19.

[32]　蒋明镜, 沈珠江. 考虑剪胀的线性软化柱形孔扩张问题[J]. 岩石力学与工程学报, 1997, 16(6): 550-557.

[33]　KOUMOTO T, KAKU K. Three-dimensional analysis of static cone penetration into clay[C]. Proc. 2nd European Symposium on Penetration Testing, 1982.

[34]　陈文. 饱和黏土中静压桩沉桩机理及挤土效应研究[D]. 南京: 河海大学, 1999.

[35]　S.P.铁摩辛柯, J.N.古地尔. 弹性理论[M]. 3 版. 徐芝伦, 译. 北京: 高等教育出版社, 2013.

[36]　樊大钧. 数学弹性力学[M]. 北京: 新时代出版社, 1983: 145-271.

[37]　BALIGH M M. Strain path method[J]. Journal of Geotechnical Engineering, 1985, 119(9): 1108-1136.

[38]　BALIGH M M. Undrained deep penetration: shear stresses[J]. Geotechnique, 1986, 36(4): 471-485.

[39]　HOULSBY G, WHEELER A, NORBURY J. Analysis of undrained cone penetration as a steady flow problem[C]//Proceedings of the 5th International Conference on Numerical Methods in Geomechanics. 1985: 1167-1175.

[40]　TEH C I. An analytical study of the cone penetration test[D]. Oxford University, 1987.

[41]　TEH C I, HOUSLBY G T. An analytical study of the cone penetration test in clay[J]. Geotechnique, 1991,

41(1): 17-34.

[42] SAGASETA. Analysis of undrained soil deformation due to ground loss[J]. Geotechnique, 1987, 37(3): 301-320.

[43] CHOW Y K, TEH C I. A theoretical study of pile heave[J]. Geotechnique, 1990, 40(1): 1-14.

[44] SAGASETA. Prediction of ground movements due to pile driving in clay[J]. Journal of Geotechnical and Geoenvironmental Engineering, 2001, 127: 55-66.

[45] 朱宁. 静力压桩引起桩周土体变形的理论分析[D]. 南京: 河海大学, 2005.

[46] 朱泓, 殷宗泽. 打桩效应的有限元分析[J]. 河海大学学报（自然科学版）, 1996, 24 (1): 56-61.

[47] 彭劼. 饱和粘土中沉桩的挤土效应研究及其在桩基承载力计算中的应用[D]. 南京: 河海大学, 2000.

[48] 施建勇, 彭杰. 沉桩挤土作用的有限元分析[J]. 东南大学学报, 2002, 32(1): 109-114.

[49] BANERJEE P K, FATHALLAH R C. A eulerian formulation of the finite element method for predicting the stress and pore pressures around a driven pile[C]//Proceedings of the 3rd International Conference on Numerical Methods in Geomechanics. 1979: 1053-1059.

[50] NYSTROM G A. Finite-strain axial analysis of piles in clay, analysis and design of pile foundations[M]. ASCE, 1984.

[51] CIVIDINI A, GIODA G. A simplified analysis of pile penetration[C]//Proceedings of the 6th International Conference on Numerical Methods in Geomechanics. 1988: 1043-1069.

[52] BUDHU M, WU C S. Numerical analysis of sampling disturbances in clay soils[J]. International Journal for Numerical and Analytical Methods in Geomechanics, 1991, 16: 467-492.

[53] KIOUSIS P D, VOYIADJIS G Z, TUMAY M T. A large strain theory and its appalication in the analysis of the cone penetration mechanism[J]. International Journal for Numerical and Analytical Methods in Geomechanics, 1988, 12: 45-46.

[54] LIYANAPATHIRANA D S, DEEKS A J, RANDOLPH M F. Numerical modeling of the driving response of thin-walled open-ended piles[J]. International Journal for Numerical and Analytical Methods in Geomechanics, 2001, 25: 933-953.

[55] SIKORA Z, GUDEHUS G. Numerical simulation of penetration in sand based on FEM[J]. Computers and Geomechanics, 1990, 9: 73-86.

[56] RANDOLPH M F, CARTER J P, WROTH C P. Driven Piles in clay-the effects of installation and subsequent consolidation[J]. Geotechnique, 1979, 29(4): 361-393.

[57] 谢永利. 大变形固结理论及其有限元分析[D]. 杭州: 浙江大学, 1994.

[58] 鲁祖统. 软粘土地基中静力压桩挤土效应的数值模拟[D]. 杭州: 浙江大学, 1998.

[59] SODERBERG L O. Consolidtion theory applied to foundation pile time effects. Géotechnique, 1962, 11(2): 217-225.

[60] ELISABETH T B, KENICHI S. Mechanisms of setup of displacement piles in sand: laboratory creep

tests[J]. Canadian Geotechnical Journal, 2005, 42(5): 1391-1407.

[61] WHITE D J, BOLTON M D. Displacement and strain paths during plane-stain model pile installation in sand[J]. Géotechnique, 2004, 54(6): 375-397.

[62] 俞季民, 魏杰. 砂土中桩端阻力深度影响机理分析[J]. 岩土工程学报, 1991, 13(5): 46-52.

[63] STEENFELT J S, RANDOLPH M F, WROTH C P. Instrumented model piles jacked into clay[C]//Proceedings of the 5th International Conference on Numerical Methods in Geomechanics. Stockholm, Sweden, 1981, 2: 857-864.

[64] RANDOLPH M F, STEENFELT J S, WROTH C P. The effect of pile type on design parameter for driven piles[C]//Proceedings, Seventh European Conference on Soil Mechanics and Foundations in Engineering. Brighton, 1979, 8: 107-114.

[65] HOUSEL W S, BURKEY J R. Investigation to determine the driving characteristics of piles in soft clay[C]//Conference on Soil Mechanics and Foundations in Engineering. New York, 1948, 146-154.

[66] CUMMINGS A E, KERHOFF G O, PECK R B. Effects of driving displacement piles into soft clay[J]. Transactions of the American Society of Civil Engineers, 1950, 115: 275-350.

[67] SEED H B, REESE L C. The action of soft clay along friction piles[J]. Transactions of the American Society of Civil Engineers, 1957, 122: 731-754.

[68] HOLTZ W G, LOWITZ C A. Effects of driving displacement piles in lean clay[J]. Journal of Soil Mechanics and Foundation Division, American Society of Civil Engineers, 1965, 91(SM5): 1-13.

[69] FELLENIUS B H, SAMSON L. Testing of drivability of concrete piles and disturbance to sensitive clay[J]. Canadian Geotechnical Journal, 1976, 13(1): 139-160.

[70] ORRJE O, BROMS B. Effects of pile driving on soil properties[J]. Journal of Soil Mechanics and Foundation Division, 1967, 93(SM5): 59-73.

[71] JARDINE R J, BOND A J. Behavior of displacement piles in a heavily consolidated clay[J]. Proceeding 12th International Conference of Soil Mechanics Foundation Engineering, 1989, 2: 1147-1151.

[72] BOND A J, JARDINE R J. Effects of installing displacement piles in a high OCR clay[J]. Geotechnique, 1991, 41(3): 341-363.

[73] O'NEIL M W, HAKWINS R A, AUDIBERT J M E. Installation of pile group in overconsolidated clay[J]. Journal of the Soil Mechanics and Foundations Division of the American Society of Civil Engineers, 1982, 108(11): 1369-1386.

[74] PESTANA M J, HUNT C E, BRAY J D. Soil deformation and excess pore pressure field around a closed-ended pile[J]. J. tech. Geoenviron. Eng., 2002, 128(1). 1-12.

[75] POULOS H G, DAVIS E H. Pile foundation analysis and design[M]. New York: John Wiley and Sons, 1980: 6-9.

[76] 施建勇. 地基基础理论及应用[M]. 南京: 河海大学出版社: 2002.

[77] 唐世栋, 何连生, 傅纵. 软土地基中单桩施工引起的超孔隙水压力[J]. 岩土力学. 2002(12), 23(6):

725-729.

[78] 宰金珉, 王伟, 王旭东, 等. 静压桩引起的超孔隙水压力及单桩极限承载力预测[J]. 工业建筑[J]. 2004, 34(8): 33-35.

[79] 陈海丰. 考虑沉桩挤土效应的桩基极限承载力研究[D]. 南京: 河海大学, 2005.

[80] RANDOLPH M F, CARTER J P, WROTH C P. Driven piles in clay — the effects of installation and subsequent consolidation[J]. Géotechnique , 1979, 4: 361-393.

[81] PESTANA J M, HUNT C E, BRAY J D. Soil deformation and excess pore pressure field around a closed-ended pile[J]. Journal of Geotechnical and Geoenvironmental Engineering, 2002, 128(1): 1-12.

[82] AXELSSON G. Long-term set-up of driven piles in sand trita-ami phd 1035[C]// Division of Soil and Rock Mechanics, Department of Civil and Environmental Engineering, Royal Institute of Technology, Stockholm, 2000.

[83] CHOW F C, JARDINE R J, BRUCY F, et al. Effects of time on capacity of pipe piles in dense marine sand[J]. Journal of Geotechnical and Geoenvironmental Engineering, 1998, 124(3): 254-264.

[84] AZZOUZ AMR S, BALIGH, MOHSEN M, et al. Shaft resistance of piles in clay[J]. Journal of Geotechnical Engineering, 1990, 116(2): 205-221.

[85] CHOW F C, JARDINE R J, NAUROY J F, et al. Time-related increase in shaft capacities of driven piles in sand[J]. Géotechnique, 1997, 47(2): 353-361.

[86] ROBERTSON P K, WOELLER D J, GILLESPIE D. Evaluation of excess pore pressure and drainage consolidations around piles using the cone penetration test with pore pressure measurements[J]. Canadian Geotechnical Journal, 1990, 27(2): 249-254.

[87] YORK D L, BRUSEY, WALTER G, et al. Setup and relaxation in glacial sand[J]. Journal of Geotechnical Engineering, 1994, 120(9): 1498-1513.

[88] BRANKO L, HUGO L. Short- and long-term sharp cone tests in clay[J]. Canadian Geotechnical Journal, 2005, 42: 136-146 .

[89] BARRON R A. Consolidation for fine-grained soils by drained well[M]. ASCE, 1948, 113: 718-733.

[90] 赵维炳, 施建勇. 软土固结与流变[M]. 南京: 河海大学出版社, 1996.

[91] 陈宗基. 固结及时间效应的单维固结问题[J]. 土木工程学报, 1958, 5(1): 1-10.

[92] LO K Y. Secondary compression of clays[J]. ASCE, 1961, 87(SM4): 61-86.

[93] KOMAMURA F, HUANG R J. New rheological model for soil behavior[J]. ASCE, 1974, 100(GT7): 807 − 824.

[94] 赵维炳. 广义 Voigt 模型模拟的饱和土体轴对称固结理论解[J]. 河海大学学报(工学版), 1988, 16(5): 47-56.

[95] 赵维炳. 广义 Voigt 模型模拟的饱水土体一维固结理论及应用[J]. 岩土工程学报, 1989, 11(5): 78-85.

[96] 刘兴旺, 谢康和, 潘秋元, 等. 竖向排水井地基粘弹性固结解析理论[J]. 土木工程学报, 1998, 31(1): 10 − 19.

[97] 刘加才, 赵维炳, 明经平, 等. 均质未贯穿竖井地基粘弹性固结分析[J]. 岩石力学与工程学报, 2005, 24(11): 1972-1977.

[98] 李月健. 土体内球形空穴扩张及挤土桩沉桩机理研究[D]. 杭州: 浙江大学, 2001.

[99] 罗战友. 静压桩挤土效应及施工措施研究[D]. 杭州: 浙江大学, 2004: 19-21.

[100] 汪鹏程, 软化剪胀土中孔扩张理论及沉桩挤土性状研究[D]. 杭州: 浙江大学, 2005.

[101] 牛痒均. 现代变分原理[M]. 北京: 北京工业大学出版社, 1992.

[102] 王勖成. 有限单元法[M]. 北京: 清华大学出版社, 2003.

[103] 钱家欢, 殷宗泽. 土工原理与计算[M]. 北京: 中国水利电力出版社, 1996.

[104] 郑颖人, 沈珠江, 龚晓南. 岩土塑性力学原理[M]. 北京: 中国建筑工业出版社, 2002.

[105] 湖南大学, 《土木工程力学手册》编写组. 土木工程手册[M]. 北京: 人民交通出版社. 1990.

[106] 徐芝纶. 弹性力学[M]. 3 版. 北京: 高等教育出版社, 1984.

[107] RICHARD L, BURDEN. 数值分析[M]. 冯烟利等, 译. 7 版. 北京: 高等教育出版社, 2005.

[108] 唐世栋, 李阳. 基于 ANSYS 软件模拟桩的挤入过程[J]. 岩土力学, 2006, 27: 973-976.

[109] VISIC A C. Expansion of cavity in infinite soil mass[J]. Journal of Soil Mechanics and Foundations Division, 1972, 98(3): 265-289.

[110] ATKINSON J H, BRANSBY P L. The mechanics of soils[M]. McGraw-Hill, 1978.

[111] 陈希哲. 土力学地基基础[M]. 北京: 清华大学出版社. 2004.

[112] 徐建平, 周健, 许朝阳, 等. 沉桩挤土效应的模型试验研究[J]. 岩土力学, 2000, 9: 235-238.

[113] 许朝阳, 周健. 软粘土中沉桩挤土效应的模型试验研究及数值模拟[J]. 土工基础. 2000, 12: 20-24.

[114] 徐建平, 周健, 许朝阳, 等. 沉桩挤土效应的数值模拟[J]. 工业建筑. 2000, 07: 1-6.

[115] JIN H H, NENG L, CHENG H C. Ground respond during pile driving[J]. Journal of Geotechnical and Geoenvironmental Engineering, 2001, 9: 939-948.

[116] 胡中雄. 饱和软粘土中单桩承载力随时间的增长[J]. 岩土工程学报, 1985, 3: 58-61.

[117] 唐世栋. 用有效应力原理分析桩基承载力的变化全过程[D]. 上海: 同济大学, 1990.

[118] 童建国. 单桩承载力时间效应的试验分析[C]//浙江省第五届土力学及基础工程学术讨论会论文集. 杭州: 浙江大学出版社, 1992: 65-69.

[119] 姚笑青. 桩间土的再固结与桩承载力的时效[J]. 上海铁道大学学报(自然科学版), 1997, 18(4): 91-94.

[120] 唐世栋, 李阳. 饱和土地基中桩周土固结模式的分析及其级数解[J]. 勘察科学技术, 2005, 3: 3-5.

[121] 唐世栋, 王永兴, 叶真华. 饱和软土地基中群桩施工引起的超孔隙水压力[J]. 同济大学学报. 2003, 31(11): 1290-1294.

[122] Tyn Myint. 数学物理方程[M]. 杨年钧, 姜广良, 允全德, 译. 沈阳: 辽宁科学技术出版社, 1985.

[123] 王伟, 宰金珉, 王旭东. 考虑时间效应的预制桩单桩承载力解析解[J]. 南京工业大学学报, 2003, 25(5): 13-16.

[124] 史佩栋. 深基础工程特殊技术问题[M]. 北京: 人民交通出版社. 2004, 493-538.

[125] 陈文, 施建勇, 龚友平, 等. 饱和粘土中静压桩沉桩机理及挤土效应研究综述[J]. 水利水电科技进展 1999. 19(3): 38-41.

[126] HAI S Y. Cavity expansion methods in geomechanics[M]. London: Kluwer Academic Publishers, 2000.

[127] COLLINS I F, STIMPSON J R. Similarity solutions for drained and undrained cavity expansions in soils[J]. Geotechnique, 44(1), 1994: 21-34.

[128] VERRUIJT A , BOOKER J R. Surface settlement due to deformation of a tunnel in an elastic half plane[J]. Geotechnique. 1996, 46(4), 753-756.

[129] MINDLIN R D. Force at a point in the interior of a semi infinite solid[J]. Journal of Applied Physics, 1936, 7(5): 195-202.

[130] 张志涌等. 精通 Matlab5.3[M]. 北京: 北京航空航天大学出版社, 2000.

[131] 高子坤, 施建勇. 考虑桩体几何特征的压桩挤土效应理论解答研究[J]. 岩土工程学报, 2010, 32(6): 5956-5962.

[132] 高子坤, 施建勇. 沉桩挤土位移应力变分解和积分泛函收敛性分析[J]. 力学学报, 2009, 41(4): 555-562.

[133] 高子坤, 施建勇. 饱和黏土中沉桩挤土形成超静孔压分布理论解答研究[J]. 岩土工程学报, 2013, 35(6): 1109-1114.

[134] 高子坤, 施建勇. 饱和粘土中单桩桩周土空间轴对称固结解[J]. 岩土力学, 2008, 29(4): 979-982.

[135] 高子坤, 施建勇. 散粒材料压缩模量修正及群桩基础稳定性研究[J]. 岩土力学, 2013, 34(8): 2174-2180.

[136] 高子坤, 施建勇. 基于变分原理的静压沉桩挤土效应理论解答研究[J]. 岩土工程学报, 2009, 31(1): 52-58.

[137] 陈国兴. 岩土工程地震学[M]. 北京: 科学出版社, 2007.

[138] 杨骁, 刘慧, 蔡雪琼. 端承粘弹性桩纵向振动的轴对称解析解[J]. 固体力学学报, 2012, 33(4), 423-430.

[139] 高子坤. 静压桩沉桩挤土效应和桩间土固结特征理论分析[D]. 南京: 河海大学, 2007.

[140] 高子坤, 何俊. 封闭环境中群桩桩间土超孔压消散数值模拟[J]. 河海大学学报（自然科学版）, 2010, 38(3): 290-294.

[141] PRIESTLEY M J N, SEIBLE F, CALVI G M. Seismic design and retrofit of bridges[M]. New York: John Wiley and Sons, 1996.

[142] GEORGE M, COSTIS S, GEORGE G. The role of soil in t he collapse of 18 piers of hanshin expressway in the kobe eart hquake[J]. Earthquake EngStruct, 2005, (34): 349-3671.

[143] BORIS J, SASHI K, FENG X. Influence of soil2foundation2st ruct ure interaction on seismic re2 sponse of the I2880 viaduct[J]. Engineering Structures, 2004, (26): 391-4021.

[144] 王建, 赵燕容. 深厚覆盖层中大型结构基础沉降预测与控制研究[R]. 河海大学地球科学与工程学院, 2010: 2-6.

[145] 俞聿修, 缪莘. 波浪作用于垂直桩柱上的横向力[J]. 海洋学报, 1989, 11(2): 248-261.

[146] 中华人民共和国建设部. 建筑桩基技术规范: JGJ 94—1994[S]. 北京: 中国建筑工业出版社, 1994.

[147] 王锦国, 高子坤. 江中基础选型研究报告[J]. 河海大学土木工程学院, 2007.

[148] 曹权, 施建勇, 雷国辉, 等. 软土中静压桩贯入引起的超静孔压力理论分析[J]. 地下空间与工程学报, 2012, 8(1): 83-88.

[149] SAGASETA. Prediction of ground movements due to pile- driving in clay[J]. Journal of Geotechnical and Geoenvironmental Engineering, 2001, 127(1): 55-66.

[150] AISSA B, NAÏMA B, SADOK B. Numerical Analysis of Seepage Failure Modes of Sandy Soilswithin a Cylindrical Cofferdam[J]. Civil Engineering Journal, 2022, 8(7): 1388-1405.

[151] GIANPIERO R , GABRIELLA M, LUCA D G. Hybrid energy piles as a smart and sustainable foundation[J]. Journal ofHuman, Earth, and Future, 2021, 2(3): 306-322.

[152] OMAR S, AYMAN I A, MAHMOUD E. Study of lateral load influence on behaviour of negative skinfriction on circular and square piles[J]. Civil Engineering Journal, 2022, 8(10): 2025-2153.

致　谢

感谢我的导师，河海大学的施建勇教授在学术上给予我的指导，帮助我理清思路，并提供了宝贵的建议。他的严谨态度和丰厚的专业知识，使我在土木工程领域得以不断成长。

感谢河海大学的同学王锦国教授为本书提供了研究相关的项目、经费与资料支持，并参与本书部分内容的研究与撰写工作。

感谢各位参与本书编辑和审稿的专家，正是由于你们的细致审核和宝贵意见，使本书内容更加完善、严谨。

此外，我还要感谢我的家人，他们的理解和支持是我坚持完成这项工作的强大动力。特别感谢妻子林美萍和儿子高原协助完成本书部分文字内容校核与计算及绘图相关的程序代码编写。